我国承压类特种设备市场准入与检验模式优化研究

武大质量院课题组　著

U0250131

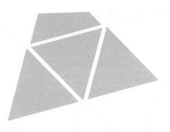

WUHAN UNIVERSITY PRESS
武汉大学出版社

图书在版编目(CIP)数据

我国承压类特种设备市场准入与检验模式优化研究/武大质量
院课题组著.—武汉:武汉大学出版社,2021.6(2022.4 重印)
ISBN 978-7-307-21987-8

Ⅰ.我… Ⅱ.武… Ⅲ.压力容器—市场准入—质量检验—研
究—中国 Ⅳ.TH49

中国版本图书馆 CIP 数据核字(2020)第 233283 号

责任编辑:谢文涛 责任校对:李孟潇 版式设计:韩闻锦

出版发行:**武汉大学出版社** (430072 武昌 珞珈山)
(电子邮箱:cbs22@ whu.edu.cn 网址:www.wdp.com.cn)
印刷:武汉邮科印务有限公司
开本:880×1230 1/32 印张:5.5 字数:114 千字 插页:1
版次:2021 年 6 月第 1 版 2022 年 4 月第 2 次印刷
ISBN 978-7-307-21987-8 定价:29.00 元

版权所有,不得翻印;凡购我社的图书,如有质量问题,请与当地图书销售部
门联系调换。

目　　录

第 一 部 分

第二部分

绪　　论

一、课题来源、研究目标和研究意义

　　本书是"十三五"国家重点研发计划"高参数承压类特种设备风险防控与治理关键技术研究（2016YFC0801900）"项目中第6课题"承压类特种设备基于大数据的宏观安全风险防控和应急技术研究"（2016YFC0801906）的第4项研究任务，包含两个子任务："承压类特种设备市场准入优化研究"和"承压类特种设备检验模式优化研究"的综合成果。2016年6月，武汉大学质量发展战略研究院(以下简称武大质量院)承担了承压类特种设备的市场准入与检验模式优化研究课题后，迅速组织成立了以武大质量院院长、博士生导师程虹教授为负责人的课题组开展研究工作。4年来，课题组深入北京、江苏、浙江、山东、广东、湖北等地，针对各地区承压类特种设备相关的生产、使用、维修等单位和政府监管部门，围绕市场准入与检验模式进行了大量的实证调研，同时，课题组还针对发达国家和地区(主要是美国、欧盟和日本)的承压类特种设备市场准入和检验模式的政策法规和标准规范等资料进行系统的国际比较分析，为整个课题的研究奠定了坚实的实践和理论基础。

本课题的研究目标是：在"承压类特种设备基于大数据的宏观安全风险防控和应急技术研究"前3项研究任务基础上，紧密围绕风险管理的战略目标，基于承压类特种设备宏观安全风险预警，研究承压类特种设备风险监管体系及其运行机制，并参考国外监管模式，优化设计适合我国国情的科学监管模式。具体而言，就是研究我国承压类特种设备的市场准入与检验模式现状，并通过国际比较，分析目前我国承压类特种设备在市场准入与检验模式上所存在的问题和不足，基于风险管理理论与实践调研成果，给出优化、创新科学监管的合理化建议。

本课题的研究意义是：在前述子课题将风险管理技术引入承压类特种设备安全监管的基础上，重新审视未来承压类特种设备安全监管的发展方向，系统梳理国内外承压类特种设备安全监管体系，着重开展新常态下我国承压类特种设备市场准入和检验模式优化研究，实现软课题研究与硬技术研究紧密结合、管理科学与安全技术紧密结合，为提升我国承压类特种设备风险防控和应急技术水平，推进特种设备安全治理体系和治理能力现代化提供理论支撑。

二、研究对象

本课题的研究对象是我国承压类特种设备市场准入和检验模式，主要是系统性梳理目前我国承压类特种设备市场准入和检验方面的政策法规和制度规范，研究我国承压类特种设备的市场准入与检验的体制机制，包括法规体系、标准体系和监管体系，重点分析政府、市场和社会三大主体的职能定位和权责分配以及三者之间的相互关系。

（1）对承压类特种设备市场准入的理解。对承压类特种设备市场准入的理解可以借鉴我国安全生产市场准入制度的概念。安全生产市场准入制度，指国家根据《安全生产法》和相关法律、法规的有关规定，对进入安全生产领域的生产经营单位以及其他主体规定一定准入规则的各项制度的总称。因此，承压类特种设备市场准入本质上与安全生产市场准入制度是相通的，它是指根据《中华人民共和国特种设备安全法》《特种设备安全监察条例》等相关法律、法规的有关规定，对进入承压类特种设备领域的生产经营单位以及其他主体规定一定准入规则的各项制度的总称，主要涉及承压类特种设备的生产、使用和作业三个方面。

（2）对"检验"和"检测"含义的理解。在研究承压类特种设备的检验模式时，需要科学分析检验与检测的区别和联系。本报告中对"检验"的含义界定采用 ISO/IEC 17000：2006《合格评定　词汇和通用原则》中的最新定义：检验是指"审查产品设计、产品、流程或者安装并确定其与特定要求的符合性，或者根据专业判断确定其与通用要求的符合性的活动"。对于"检测"含义的界定，同样参考国家权威的标准定义。根据 GB/T 27000—2006 的 4.2，检测是指"依照程序确定合格评定对象的一个或者多个特性的活动"。检验与检测，二者最大的联系在于，它们都是在规定条件下，按照相应标准、规范、规程要求的程序，进行一系列测试、试验、检查和处理的操作，并得出测量结果。但区别在于，检验要求将结果与规定要求进行比较，并得出合格或符合与否的结论，而检测不要求判定合格/符合与否的结论。从性质上讲，检验通常带有法规色彩，经检验出具的报告(证书)与结论具有一定法律效力，但检测则更偏向是一种市场服务，由市场需求来决定检测机构与用户之间的这种服务的形式与内容。在现实中两者联系非常紧密，检验和检测活动往往是结合在一起的。

(3)对承压类特种设备检验模式的理解。《现代汉语词典》中对于模式的定义为：某种事物的标准形式或使人可以照着做的标准样式。因此，本报告中，承压类特种设备检验模式就是指审查承压类特种设备产品的设计、产品、过程或安装，并确定其与特定要求的符合性，或根据专业判断确定其与通用要求的符合性的一种标准样式。具体在本报告中对承压类特种设备的检验模式进行进一步解构：承压类特种设备的检验模式就是由相关的法规体系、标准体系和监管体系构成的一种针对检验对象是否符合相关要求和程序的判别机制。

三、研究内容

研究内容围绕任务目标从两个部分——承压类特种设备市场准入和检验模式展开。这两部分的研究框架基本一致，都是按照："概念界定和现状概述——国际比较——理论分析与实践——优化建议"的逻辑结构进行安排的。具体而言，本书除绪论以外，共有9章，分为两个主要部分和一个案例分析。第一部分为第1~4章，主要研究承压类特种设备的市场准入。第1

章阐述承压类特种设备市场准入的基本概念、分类和构成体系。第 2 章对目前国际上的承压类特种设备市场准入进行对比分析，主要分析是美国、欧盟和日本等国家和地区的承压类特种设备的市场准入机制并总结经验。第 3 章是对承压类特种设备市场准入的基本理论分析，并梳理当前我国在承压类特种设备市场准入方面的改革实践。第 4 章是基于前文的现状分析、国际比较和理论分析，提出对我国承压类特种设备的市场准入机制的优化建议。第二部分为第 5~8 章，主要研究承压类特种设备检验模式。第 5 章阐述承压类特种设备检验模式基本概念、承压类特种设备检验分类及其检验模式的构成体系。第 6 章是对比分析美国、欧盟和日本等发达国家和地区的承压类特种设备检验模式，并总结其主要经验。第 7 章是对承压类特种设备的检验模式展开理论分析，从政府的角色定位阐述适合我国发展的承压类特种设备检验模式类型，分析保险机构介入承压类特种设备检验的可行性和必要性，梳理我国目前在承压类特种设备检验模式上的改革实践。第 8 章是基于前文的现状分析、国际比较和理论分析，提出对我国承压类特种设备检验模式的优化建议。第 9 章为一个单独部分，通过对北京市特种设备行政许可和电梯检验改革这一案例的分析，讨论该改革实践对于优化我国承压类特种设备市场准入和检验模式的主要启示。

"承压类特种设备基于大数据的宏观安全风险防控和应急技术研究"课题
武大质量院课题组
2020 年 3 月

第一部分

第1章　我国承压类特种设备市场准入概述

1.1　承压类特种设备概述

1.1.1　承压类特种设备的概念

特种设备是我国在制定《中华人民共和国特种设备安全法》和《特种设备安全监察条例》时，明确规定的一个专有名词。在国外，虽然也对锅炉、压力容器、压力管道、电梯、起重机械、客运索道、大型游乐设施、场(厂)内机动车辆等设备进行检验检测，但是没有形成"特种设备"这一统一的概念。

《中华人民共和国特种设备安全法》规定："本法所称特种设备，是指对人身和财产安全有较大危险性的锅炉、压力容器(含气瓶)、压力管道、电梯、起重机械、客运索道、大型游乐设施、场(厂)内专用机动车辆。"[①]一般来说，特种设备按照自

---

① 资料来源：国家市场监督管理总局；http：//gkml. samr. gov. cn/，《中华人民共和国特种设备安全法》(2013 年 6 月 29 日第十二届全国人民代表大会常务委员会第三次会议通过)

身性质与使用范围的不同可以划分为两大基本类型——承压类特种设备与机电类特种设备(冼建中，2013)。承压类特种设备是特种设备中涉及承压运行的一部分设备，指承载一定压力的密闭设备或管状设备，包括锅炉、压力容器和压力管道；机电类特种设备包括电梯、起重机械、客运索道、大型游乐设施、场(厂)内机动车辆。

1.1.2　承压类特种设备的分类

承压类特种设备主要包括锅炉、压力容器和压力管道三种(岳飞，2019)。根据《中华人民共和国特种设备安全法》和《特种设备安全监察条例》的规定，原质检总局修订了《特种设备目录》①，经国务院批准，于2014年11月公布施行。该目录对特种设备进行了分类说明。

1. 锅炉

《特种设备目录》规定：锅炉，是指利用各种燃料、电或者其他能源，将所盛装的液体加热到一定的参数，并通过对外输出介质的形式提供热能的设备。

锅炉分为承压蒸汽锅炉、承压热水锅炉和有机热载体锅炉三种。

(1)承压蒸汽锅炉：设计正常水位容积大于或者等于30L，且额定蒸汽压力大于或者等于0.1MPa(表压)的锅炉，介质的

---

① 资料来源：国家市场监督管理总局：http：//gkml.samr.gov.cn/，质检总局关于修订《特种设备目录》的公告(2014年第114号)附件1.

出口形态为蒸汽。

（2）承压热水锅炉：出口水压大于或者等于 0.1MPa（表压），且额定功率大于或者等于 0.1MW 的锅炉，介质的出口形态为热水。

（3）有机热载体锅炉：所用介质是一种有机化合物（又称导热油），额定功率大于或者等于 0.1MW 的锅炉。由于导热油有低压力高温度的特点，工业生产中常用于为加热装置提供热能。而有机热载体锅炉又可以分为有机热载体气相炉和有机热载体液相炉。

2. 压力容器

根据《特种设备目录》，压力容器，是指盛装气体或者液体，承载一定压力的密闭设备，其范围规定为最高工作压力大于或者等于 0.1MPa（表压）的气体、液化气体和最高工作温度高于或者等于标准沸点的液体、容积大于或者等于 30L 且内直径（非圆形截面指截面内边界最大几何尺寸）大于或者等于 150mm 的固定式容器和移动式容器；盛装公称工作压力大于或者等于 0.2MPa（表压），且压力与容积的乘积大于或者等于 1.0MPa·L 的气体、液化气体和标准沸点等于或者低于 60℃ 液体的气瓶；氧舱。

压力容器主要分固定式压力容器、移动式压力容器、气瓶和氧舱。其中，固定式压力容器分超高压容器、第三类压力容器、第二类压力容器和第一类压力容器四种；移动式压力容器分铁路罐车、汽车罐车、长管拖车、罐式集装箱和管束式集装

11

箱等5种；气瓶则分无缝气瓶、焊接气瓶和特种气瓶(内装填料气瓶、纤维缠绕气瓶、低温绝热气瓶)；氧舱分医用氧舱和高气压舱两种。

3. 压力管道

根据《特种设备目录》，压力管道是指利用一定的压力，用于输送气体或者液体的管状设备，其范围规定为最高工作压力大于或者等于0.1MPa(表压)，介质为气体、液化气体、蒸汽或者可燃、易爆、有毒、有腐蚀性、最高工作温度高于或者等于标准沸点的液体，且公称直径大于或者等于50mm的管道。公称直径小于150mm，且其最高工作压力小于1.6MPa(表压)的输送无毒、不可燃、无腐蚀性气体的管道和设备本体所属管道除外。

压力管道主要有长输管道、公用管道和工业管道三种。长输管道分输油管道和输气管道；公用管道分燃气管道和热力管道；工业管道分工艺管道、动力管道和制冷管道三种。

1.1.3 承压类特种设备的特点

1. 数量多

根据国家市场监管总局统计，截至2018年，我国共有锅炉40.39万台，压力容器394.6万台，压力管道47.82万千米。从历年数据来看，自从2015年承压类特种设备总数量较2014年下降后，压力容器和压力管道仍呈现增多趋势(图1-1)。

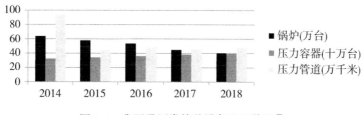

图 1-1 我国承压类特种设备登记数量①

2. 使用广

承压类特种设备是经济发展的重要基础设备,在众多行业中得到了广泛、普遍的应用,对我国国民经济建设和发展发挥着无法替代的重要作用,与生产生活紧密相关(张纲,2006)。以锅炉为例,锅炉消耗一次能源,产生电力和热能等二次能源。生活锅炉为公用和民用建筑提供采暖和热水,是经济、社会活动的基础性保障。各类锅炉的安全使用直接影响着国民经济、社会生活的正常、健康运行。医疗用高压氧舱等压力容器对医疗事业也必不可少(杨振林,2009)。

承压类特种设备也是工业生产特别是化工行业不可缺少的重要设备设施。如工业锅炉主要为工业生产的工艺过程提供热能,是生产活动得以正常进行的关键动力源。全国年均消耗70%煤产量的锅炉,是工业生产的核心工具;压力容器在工业

① 数据来源:笔者根据市场监管总局 2014—2018 年全国特种设备安全状况的通告整理而得。

生产中起到储存、换热、反应等作用，在石化装置中，压力容器和压力管道占有高达 40% 以上的比重；长输管道是除公路、铁路、水路和航空运输这四大运输途径之外的第五大运输途径，用来往生产的各个环节输送介质，是工业生产的脉络。随着我国社会进步和工业生产的不断发展，承压类特种设备在推进国民经济和社会进步的发展上愈加重要（古志卿，2014）。

3. 风险高

随着经济的发展和科技的进步，承压类特种设备逐步呈现出高参数高风险的特性。由于其技术含量较高，因此承压类特种设备安全的风险因素比较复杂，具有潜在危险性。因而，承压类特种设备在为生活带来便利、为国民经济和社会发展提供正面驱动作用的同时，也带来了一定的危险性。承压类特种设备所共有的特性是在密闭的空间内承受一定的压力，能起到动力驱动、带压储存、加（受）热所盛介质产生物理化学反应等作用（古志卿，2014）。然而承压类特种设备所盛装的介质多种多样，通常具有易燃、高压、有毒、高温、腐蚀性、易爆等特征（郭成，2018）。当承压类特种设备承受一定压力，所盛装介质处于高温、高压状态或者带有有毒有害性质时，万一发生事故就容易造成群死群伤的局面。因此，在承压类特种设备安全监察工作中，如何防范承压类特种设备事故发生，降低承压类特种设备事故发生率显得尤为重要。正因为承压类特种设备的这种特殊属性，其安全涉及特种设备的生产（含设计、制造、安装、改造、维修）、使用、检验检测等环节，是技术性很强的系统工程。承压类特种设备安全的整体水平能够反映出一个国家的工业发展水平和与国民经济发展、社会技术进步协调一致的法规标准、工业基础和安全管理水平。承压类特种设备的安全关系到人民生命安全，也关系到国家经济运行安全和社会稳定，是公共安全的重要组成部分。

1.2 承压类特种设备市场准入的概念

1.2.1 市场准入的概念

"市场准入"一词来源于英文"market access"或"market entry"，该词最先是由美国提出的。第二次世界大战之后，在关税与贸易谈判过程中美国提出了市场准入的概念（侯茜，2003），它是在世界贸易组织（WTO）法律框架下确立的一种特殊的国际贸易法原则，主要是指市场自由开放的贸易原则（刘丹和侯茜，2005），被我国引入后发展并延伸成调控或者规制市场主体和交易对象进入市场的一种规则（吴志宇和徐诗阳，2017）。

根据市场范围的不同，市场准入可以划分为国际市场准入和国内市场准入。国际市场准入是指在世界贸易组织法律框架下确立的一种特殊的国际贸易原则，具体指一国家允许外国货物、资本、技术和服务等参与国内市场的范围和程度；而国内市场准入在经济方面的含义主要是指资源在自由流动交换的过程中，市场的组织者为了维持市场交易的有序进行，人为地将市场准入设置一定的规则，将市场主体区别开来，对市场主体起到一定的限制作用。而在法律上所讲的市场准入，则把它定义为市场主体规制法律的一部分，将市场中各种市场交易主体进行法律概述(王晓庆，2016)。

因此，市场准入制度可以概括为政府为了克服市场失灵，实现某种公共政策，依据一定的规则，允许市场主体及交易对象进入某个市场领域的直接控制或干预，是政府对市场管理的一种制度安排，是为了追求公共安全、维护社会稳定和合理配置资源而对经营者权利能力和行为能力的一种约束(戴霞，2006)，是一种重要的行政监管手段。

根据孙会海和刘妍(2012)的研究，市场准入的设立是建立在一套科学的价值体系之上的，主要包括安全、效率和公平。首先，在健全我国市场准入制度的过程中，安全的价值观是其必须始终要坚守的重要理念。根据不同的标准、差异化的手段对不同类型的市场主体实施针对性的市场准入制度，例如通过专业资质的审核认定来设定产品、人员和机构的进入门槛，旨在确保市场稳定，维护消费者权益和经济社会的稳定。其次，从效率的角度出发，政府通过对特殊领域设定市场准入制度，在一定范围内可以更好地实现其经济、社会发展的目标。因为经济效率是政府进行市场准入监管的重要目标之一，通过市场准入的管理实现政府对电力、通讯、管道运输等自然垄断行业发展的控制，实现其行业、规模经济的发展目标，在最高层次上达到效率最高的主旨。最后，市场准入也需要兼顾公平。监管当局制定、执行市场准入法律制度时，应确保市场主体在竞争中处于平等状态,确保其能得到法律、执法机关的平等对待。通过以上三大价值体系来建立市场准入制度,才能实现社会经济的稳定、高效和平等发展,才能最大限度地实现市场经济的健康运行。

1.2.2 承压类特种设备的市场准入

由于特种设备涉及人民群众的生命财产安全,具有较大风险,特种设备管理涉及安全生产范畴,因此,特种设备市场准入可以借鉴安全生产市场准入制度。所谓安全生产市场准入制度,是指国家根据《安全生产法》和相关法律、法规的有关规定,对进入安全生产领域的生产经营单位以及其他主体规定一定准入规则的各项制度的总称。市场准入制度是一种政府行为,通常表现为一项行政许可制度。为保障安全生产,国家规定具备规定条件的生产者才允许从事某项生产经营活动,具备规定条件的安全生产设备才允许安装使用。实行市场准入,是促进安全生产、规范安全生产管理行为、提高安全生产管理素质和安全生产管理质量的一项积极举措(石少华,2014)。在中国,建立准入制度即意味着设定许可(钟志勇,2018)。

通过以上分析可知,承压类特种设备市场准入本质上也是行政许可制度,它规定了承压类特种设备市场主体进入市场活动前所必须具备的基本条件。对于特种设备而言,在不同的环节有着不同的法律法规的要求,以保证市场安全良好运行。承压类特种设备作为特种设备的一个具体类别,其市场准入的相关要求和标准按照我国特种设备的市场准入体系执行,分别涉及生产、使用和作业三个方面。

以锅炉为例,企业也是要通过生产、使用、作业三个方面的严格核准和行政许可,才能开展相关工作。对于锅炉的生产制造单位而言,只有持有国务院特种设备安全监督管理部门颁发的制造许可证,才可制造锅炉,且只可制造许可证级别范围内的锅炉。因此,承压类特种设备的制造具有严格的准入限制,锅炉制造许可证按额定蒸汽压力的高低分为 A 级、B 级、C 级、D 级四个等级。其中 A 级要求最高,D 级要求最低。由于锅炉制造许可证的级别要求不同,所以相应的级别所允许生产的锅炉范围也有所不同,总的来说,要求越高的锅炉制造许可证,对应的级别越高,从而所允许生产的锅炉种类越多样、范围越宽广。

对于锅炉的使用单位而言,要严格按照《锅炉压力容器使用登记管理办法》(国质检锅〔2003〕207 号)进行使用登记、变更登记以及监督管理。上述文件详细规定了使用单位要取得使用登记证所需提供的锅炉安全附件文件,以及审核、受理、登记、发证、建立安全档案的具体流程,并且使用单位使用无制造许可证单位制造的锅炉压力容器的,登记机关不得给予登记。

对于锅炉的作业人员而言,各环节所涉及的单位人员都需要资格认定,对司炉工人,需要按照《锅炉司炉人员考核管理规定》(国质检〔2001〕38 号)进行培训、考试和管理。焊接锅炉受压元件的焊工,必须按照《特种设备焊接操作人员考核细则》(TSG Z6002—2010)进行考试,取得焊工合格证后,方可从事考试合格项目范围内的焊接工作。无损探伤人员应按照《特种设备无损检测人员考核与监督管理规则》(国质检锅〔2003〕248号)考核，取得资格证书，可承担与考试合格的种类和技术等级相应的无损探伤工作。

1.3 承压类特种设备市场准入的分类

按照国家分类监督管理的原则，对承压类特种设备生产实行许可制度，生产单位应按照有关法律、法规和规范的要求，取得相应资质方可从事生产；对承压类特种设备的使用实行核准登记制度，特种设备使用或者特种设备安装、改造、维修单位施工前应向特种设备安全监督部门办理使用登记，取得特种设备使用登记证；承压类特种设备作业人员必须按照国家有关规定考核合格，取得相关资格证书，方可从事相关工作。因此，承压类特种设备包含三类市场准入，分别是：生产必须经过特种设备安全监督管理部门许可、使用必须经过特种设备安全监督管理部门核准登记、作业人员必须经特种设备安全监督管理部门考核合格取得资格证书。

1.3.1 生产类

特种设备的生产包括特种设备设计、制造、安装、改造和修理。根据《中华人民共和国特种设备安全法》，国家按照分类监督管理的原则对特种设备生产实行许可制度。特种设备生产单位应当具备下列条件，并经负责特种设备安全监督管理的部门许可，方可从事生产活动：

（1）有与生产相适应的专业技术人员；

（2）有与生产相适应的设备、设施和工作场所；

（3）有健全的质量保证、安全管理和岗位责任等制度。

在此基础上，国家市场监督管理总局颁布的《特种设备生产和充装单位许可规则》（TSG 07—2019）对特种设备生产单位的许可条件做了详细说明。根据该规则，申请特种设备生产许可的单位除了应当具有法定资质，还需具有与许可范围相适应的资源条件，建立并且有效实施与许可范围相适应的质量保证体系、安全管理制度等，具备保障特种设备安全性能的技术能力。具有如下：

1. 资源条件

申请单位应当具有以下与许可范围相适应，并且满足生产需要的资源条件：

（1）人员，包括管理人员、技术人员、检测人员、作业人员等。其中，技术人员应当具备理工类专业教育背景，取得相关专业技术职称并且具有相关工作经验。安全管理人员、检测人员和作业人员，纳入特种设备行政许可的，应当取得相应的特种设备人员资格证书。

（2）工作场所，包括场地、厂房、办公场所、仓库等。工作场所允许承租，承租双方应当签订租赁合同且租赁期限应当覆盖申请许可证的有效期，并且能够提供出租方的土地使用证明、房产证或者土地管理部门出具的其他有效证明。

（3）设备设施，包括生产（充装）设备、工艺装备、检测仪器、试验装置等，设备设施一般不允许承租。

(4)技术资料，包括设计文件、工艺文件、施工方案、检验规程等。

(5)法规标准，包括法律、法规、规章、安全技术规范及相关标准。

2. 质量保证体系

申请单位应当按照本规则的要求，建立与许可范围相适应的质量保证体系，并且保持有效实施。特种设备质量保证体系是指，生产单位为了使产品、过程、服务达到质量要求所进行的全部有计划有组织的监督和控制活动，并且提供相应的证据，确保使用单位、政府监督管理部门及社会等对其质量的信任。控制要素主要包括文件和记录控制、合同控制、设计控制、材料与零部件控制、作业(工艺)控制、焊接控制、热处理控制、无损检测控制、理化检验控制、检验与实验控制、生产设备和检验试验装置控制、不合格品(项)控制、质量改进与服务、人员管理、执行特种设备许可制度等过程控制。

其中，特种设备制造、发装、改造、修理单位的质量保证体系应当符合《特种设备生产和充装单位许可规则》(TSG 07—2019)中的附件M《特种设备生产单位质量保证体系基本要求》。而压力容器和压力管道设计单位的质量保证体系应当符合该规则C1.4、E1.4条的要求，移动式压力容器和气瓶充装单位的质量保证体系应当符合该规则C3.7、D2.7条的要求。

3. 保障特种设备安全性能和充装安全的技术能力

申请单位应当具备保障特种设备安全性能和充装安全的技术能力，按照特种设备安全技术规范及相关标准要求进行产品设计、制造、安装、改造、修理、充装活动。

1.3.2　使用类

根据《特种设备使用管理规则》(TSG 08—2017)[①]，特种设备的使用单位，指具有特种设备使用管理权的单位(包括公司、子公司、机关事业单位、社会团体等具有法人资格的单位和具有营业执照的分公司、个体商户等)或者具有完全民事行为能力的自然人，一般是特种设备的产权单位，也可以是产权单位通过符合法律规定的合同关系确立的特种设备实际使用管理者。特种设备属于共有的，共有人可以委托物业服务单位或者其他管理人管理特种设备，受托人是使用单位；共有人为委托的，实际管理人是使用单位；没有实际管理人的，共有人是使用单位。

《特种设备安全监察条例》[②]规定：我国特种设备使用采取核准登记制度，特种设备在投入使用前或者投入使用后 30 日内，特种设备使用单位应当向直辖市或者设区的市的特种设备安全监督管理部门登记，并将登记标志置于或者附着于该特种

[①]　原国家质检总局 2017 年 1 月 16 日颁布。

[②]　资料来源：国家市场监督管理总局，http：//gkml.samr.gov.cn/，《特种设备安全监察条例》(中华人民共和国国务院令第 549 号)。

设备的显著位置。除此之外,特种设备使用单位还需要建立特种设备安全技术档案。安全技术档案包括以下内容:

(1)特种设备的设计文件、制造单位、产品质量合格证明、使用维护说明等文件以及安装技术文件和资料;

(2)特种设备的定期检验和定期自行检查的记录;

(3)特种设备的日常使用状况记录;

(4)特种设备及其安全附件、安全保护装置、测量调控装置及有关附属仪器仪表的日常维护保养记录;

(5)特种设备运行故障和事故记录;

(6)高耗能特种设备的能效测试报告、能耗状况记录以及节能改造技术资料。

特种设备使用单位应当使用取得许可生产并经检验合格的特种设备。禁止使用国家明令淘汰和已经报废的特种设备。另外,锅炉使用单位应当按照安全技术规范的要求进行锅炉水(介)质处理,并接受特种设备检验检测机构实施的水(介)质处理定期检验。

1.3.3 作业类

《特种设备安全监察条例》规定特种设备作业人员及其相关管理人员,应当按照国家有关规定经特种设备安全监督管理部门考核合格,取得国家统一格式的《特种设备作业人员证》,方可从事相应的作业或者管理工作。《特种设备作业人员监督管理办法》对这一过程进行了更详细的规定与规范。

根据《特种设备作业人员监督管理办法》,锅炉、压力容器

(含气瓶)、压力管道、电梯、起重机械、客运索道、大型游乐设施、场(厂)内专用机动车辆等特种设备的作业人员及其相关管理人员统称特种设备作业人员①。从事特种设备作业的人员按照该办法的规定，经考核合格取得《特种设备作业人员证》，方可从事相应的作业或者管理工作。特种设备作业人员取得证书主要流程如图 1-2 所示：

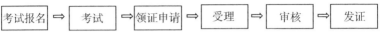

图 1-2　申请特种设备作业人员证的流程图

　　申请《特种设备作业人员证》的人员，应当首先向省级质量技术监督部门指定的特种设备作业人员考试机构(以下简称考试机构)报名参加考试；申请人经指定的考试机构考试合格的，持考试合格凭证向考试场所所在地的发证部门申请办理《特种设备作业人员证》；发证部门应当在 5 个工作日内对报送材料进行审查，或者告知申请人补正申请材料，并作出是否受理的决定。能够当场审查的，应当当场办理；对同意受理的申请，发证部门应当在 20 个工作日内完成审核批准手续。准予发证的，在 10 个工作日内向申请人颁发《特种设备作业人员证》；不予发证

---

　　①　资料来源：国家市场监督管理总局 2019 年 2 月 19 日公布.《特种设备作业人员监督管理办法》(2005 年 1 月 10 日国家质量监督检验检疫总局令第 70 号公布，根据 2011 年 5 月 3 日《国家质量监督检验检疫总局关于修改〈特种设备作业人员监督管理办法〉的决定》修订)，http：//gkml. samr. gov. cn/.

的,应当书面说明理由。

特种设备生产、使用单位应当聘(雇)用取得《特种设备作业人员证》的人员从事相关管理和作业工作,并对作业人员进行严格管理。而持有《特种设备作业人员证》的人员,必须经用人单位的法定代表人(负责人)或者其授权人雇(聘)用后,方可在许可的项目范围内作业。

1.4 承压类特种设备市场准入的构成体系

对于承压类特种设备市场准入的管理,目前我国采用的是由法律法规、标准规范和监管机构组成三位一体的综合体系。其中,法律法规规定市场准入的基本底线,标准规范确立市场准入的衡量尺度,监管体系构成市场准入管理的基本形态。

1.4.1 法律法规体系

我国承压类特种设备市场准入的法律法规体系由"法律—行政法规和地方性法规—部门规章和地方政府规章—安全技术规范(TSG)"等层次构成(表1-1)。

表1-1 我国承压类特种设备市场准入的法律法规体系

法律	《中华人民共和国特种设备安全法》
行政法规和地方性法规	《特种设备安全监察条例》《浙江省特种设备安全管理条例》《江苏省特种设备安全监察条例》《深圳经济特区特种设备安全条例》等

续表

部门规章和地方 政府规章	《锅炉压力容器制造监督管理办法》等
安全技术规范	安全技术规范(TSG)细则等

我国的特种设备法规体系的发展经历了一个由条例规章向正式法条演进的较为漫长的阶段。1982 年以前,我国特种设备安全管理主要依据中央或地方的文件为依据,在当时经济成分单一,企业基本为国营、集体性质的大背景下,这种管理模式尚可以起作用。改革开放后,经济成分不再单一,公有制与非公有制经济并存,企业性质也从国营、集体逐渐丰富为私营、公私合营、外资、合资、个体等,原有的安全监管模式难以满足安全监管的需要,《锅炉压力容器安全监察暂行条例》应运而生。该条例虽然存在一些问题,但这是建立特种设备法律体系的良好开端,它首次以法规形式明确了安全监察的职权,确定了安全监察工作的内容、工作方法等,为特种设备安全监管工作法治化奠定了坚实的基础。随后,劳动部颁布了一些部门规章,行业间也逐渐建立了一系列技术规范,使得特种设备安全监管工作渐入佳境,特种设备行业领域的法律法规体系也初现雏形。2002 年实施的《中华人民共和国安全生产法》将特种设备安全监管纳入安全生产管理,使特种设备安全监管首次有了法律依据。2003 年《特种设备安全监察条例》的颁布改变了特种设备安全监管工作以往按照行政命令管理的窘境,是特种设备法律法规体系的又一大飞跃。2014 年《特种设备安全法》的实施正

式将特种设备安全监管提升至法律高度，标志着特种设备安全监管有了直接的法律依据。

法律由全国人大通过，涉及特种设备市场准入的法律包括《中华人民共和国特种设备安全法》《中华人民共和国安全生产法》《中华人民共和国行政许可法》等。

行政性法规由国务院制定并以国务院令的形式发布，有《特种设备安全监察条例》。除此之外，地方性为了适应区域的特种设备安全管理，对这类设备提出地方性的要求。地方性法规由省、自治区、直辖市以及有立法权的较大城市人大制定，例如《浙江省特种设备安全管理条例》《江苏省特种设备安全监察条例》《深圳经济特区特种设备安全条例》等。

部门规章和地方政府规章较多，主要包括国务院各部门行政规章和省、自治区、直辖市以及较大城市的人民政府规章。例如，《锅炉压力容器制造监督管理办法》等涉及特种设备安全监察、市场准入细则、行政罚款等多个方面；《特种设备作业人员监督管理办法》则涉及特种设备作业人员考核、职业操守等方面。

安全技术规范又称 TSG 规范，规定特种设备的安全性能和节能基本要求，是国家市场监督管理总局依据《特种设备安全检查条例》对特种设备的安全性能和相应的设计、制造、安装、修理、改造、使用、检验与检测等方面所制定颁布的强制性规定。安全技术规范规定是特种设备法规体系的重要组成部分，其作用是把与特种设备有关的法律、法规和规章内容具体化。例如，我国承压类特种设备 TSG 规范有《移动式压力容器充装许可细则》《压力管道安装许可细则》等①。

1.4.2 标准体系

1. 锅炉

我国锅炉标准主要由国家标准和行业标准组成，这些标准基本上为推荐性的，国家鼓励企业自愿采用，但如被法规所引用，则强制要求采用。锅炉标准门类比较齐全，由产品标准、设计计算标准、材料标准、焊接标准、零部件制造及工艺标准、检验和试验方法标准、辅机和附件标准、安装标准、水质标准、环保标准、质量管理标准等方面组成。现行的《水管锅炉》（GB/T 16507—2013）和《锅壳锅炉》（GB/T 16508—2013）两大系列标准，参照了欧盟标准的体例并结合现行锅炉法规和技术的发展，对我国锅炉的设计、制造、检验和验收、安装和运行进行了规范。

2. 压力容器

压力容器分为固定式压力容器和移动式压力容器两类，标准体系如表1-2所示。在固定式压力容器方面，我国建立了以常规设计建造标准——《中华人民共和国国家标准：压力容器》（GB 150.1-150.4—2011）和分析设计标准和以分析设计建造标准《钢制压力容器——分析设计标准》（JB 4732—1995）为核心，

---

① 法规体系根据国家市场监督管理总局特种设备行政许可办公室（http：//www.selo.org.cn/）公布的相关政策法规梳理而得。

工艺评定和检测标准《钢制压力容器焊接工艺评定》(JB 4708—2000)《压力容器无损检测》(JB 4730)。以产品标准为基础,包含通用基础标准的、完整的技术标准体系。其中,产品标准分别按材质、结构型式两条主线制、修订。为保证压力容器的安全,同样围绕产品标准制订了系列通用基础标准,这类标准分为:零部件、性能要求、材料、焊接、检验检测、安全附件和其他等 6 类,如《承压设备用不锈钢和耐热钢锻件》(NB/T 47010—2017)《简单压力容器》(NB/T 47052—2016)《压力容器焊接规程》(NB/T 47015—2011)等。在移动式压力容器方面,建立了包括汽车罐车、罐式集装箱和铁道罐车在内的核心产品标准,所涉及的通用基础标准多与固定式压力容器共用。

表 1-2 压力容器标准体系

固定式压力容器	常规设计建造标准	《中华人民共和国国家标准:压力容器》(GB 150.1-150.4—2011)
	分析设计建造标准	《钢制压力容器——分析设计标准》(JB 4732—1995)
	工艺评定标准	《钢制压力容器焊接工艺评定》(JB 4708)
	无损检测	《压力容器无损检测》(JB 4730)
移动式压力容器	汽车罐车、罐式集装箱和铁道罐车的核心产品标准	

3. 压力管道

压力管道分为长输管道、公用管道、工业管道三类。我国长输管道的标准比较齐全，包括设计、制造、安装、改造、维修、使用等各方面，在工程建设和运行管理中起到了非常重要的作用。在公用管道方面，主要以 GB 50028《城镇燃气设计规范》、CJJ 33《城镇燃气输配工程施工及验收规范》、CJJ 51《城镇燃气设施运行、维护和抢修安全技术规程》等涉及管道设计、建造、安装等系列国家和行业标准为主。在工业管道方面，尚未建成一个系统的、配套的，能满足不断发展变化的市场和用户需要的工业压力管道标准/规范体系。总体上，压力管道的标准体系主要分为：①基础性标准，包括工程监理规范、焊接技术标准、设计规定等；②通用标准，主要包括检验试验标准；③专业标准，包括材料标准、压力试验等；④施工验收标准，包括管道工程、无损检测等；⑤工艺技术标准等。

1.4.3 监管体系

我国特种设备监管机构的发展是与法规体系的发展相辅相成的。其大致的发展过程也经历了较为漫长的阶段性演进。1949 年中华人民共和国成立，此时还未成立特种设备监管机构。我国最开始的具有监管色彩的机构诞生源起于一起特种设备事故。1955 年 4 月 25 日，天津国棉一厂的锅炉爆炸事故轰动全国。由此锅炉监管机构应运而生，这就是最初的特种设备监管机构。1958 年由于社会因素，原有的安全管理体制被打破，锅炉监管机构被撤销，此后事故频发。1962年5月，国家劳动部门设立了锅炉安全监察局，随后，各地的锅炉监管机构也逐渐恢复。1966年至1976年，为削弱阶段。锅炉安全监察局被撤销。1978年，国家在劳动部下设锅炉压力容器安全监察局，开始系统地对锅炉压力容器的设计、制造、安装、使用、检验和进出口实施监管，并进行宣传教育、事故调查等工作。这一举动正式打开了我国特种设备安全监管的新局面。1998年，我国设立了国家质量技术监督局，第二年，根据《国务院批转国家质量技术监督局质量技术监督管理体制改革方案的通知》文件，特种设备安全监管职能由劳动部门划转至质监部门，并在《国家质量技术监督局职能配置、内设机构和人员编制规定》文件中明确了特种设备安全监管部门。至此，我国基本形成了较完备的特种设备自上而下分级管理的行政体制，同时，地方质监部门实行省以下垂直管理。

近年来，国家实行机构改革，取消质监部门省级以下的垂直管理，将其纳入地方管理，并率先在县级开展工商行政管理局、质量技术监督局、食品药品监督管理局合并工作。2018年，国家质量技术监督局、国家工商行政管理局、国家食品药品监督管理总局合并为国家市场监督管理局，特种设备安全监察职能便随之划入了市场监督管理局。

目前，承压类特种设备的监管体系主要由我国市场监督管理部门构成。根据《特种设备行政许可实施办法（试行）》（国质检锅〔2003〕172号），特种设备行政许可由国家市场监管总局（原国家质检总局，下同）和各级市场监督管理部门，按照《特种设备安全监察条例》(中华人民共和国国务院令第549号)的有关规定,分级负责管理。国家市场监管总局和省级市场监督管理部门根据工作情况可以将其负责的行政许可工作委托下一级部门负责进行。各级市场监管部门的特种设备安全监察机构负责具体实施。

国家市场监管总局负责特种设备设计、制造、安装、改造的行政许可以及检验检测机构的核准、检验检测人员的考核。具体工作由国家市场监管总局或者其委托的省级市场监督部门分别负责,以国家市场监管总局的名义颁发相应证书。

省级市场监管部门负责特种设备维修、气瓶充装单位的许可。具体工作可由省级市场监管部门负责,也可按照本地区的工作实际,委托设区的市(包括未设区的地级市和地级州、盟)市场监管部门负责,以省级市场监管部门的名义颁发许可证。

特种设备使用或者特种设备安装、改造、维修施工前应当向直辖市或者市级市场监管部门办理使用登记或者告知。国家大型发电公司所属的电站锅炉、移动式压力容器的登记由省级市场监管部门负责,并颁发使用登记证;其他特种设备的登记或者接受告知由直辖市或者市级市场监管部门负责,并颁发使用登记证。直辖市根据情况,可以将具体登记或接受告知工作委托下一级安全监察机构负责,使用登记证以直辖市的名义颁发。

直辖市或者市级市场监管部门接受特种设备安装、改造、维修的施工告知后,应当通知负责监督检验工作的检验检测机构,必要时,应当通知下一级市场监管部门。

压力管道的登记和压力管道安装、改造、维修许可按压力管道的有关规定实施。

特种设备作业人员应当经特种设备安全监督部门考核合格。各级市场监管部门按照有关规定负责组织考核，并颁发相应证书。具体考核工作可以按有关规定委托相关机构负责，见表1-3。

表1-3 　　　我国特种设备监管体系及其管理范围

国家市场监管总局	特种设备设计、制造、安装、改造的行政许可
	检验检测机构的核准
	检验检测人员的考核
省级市场监管部门	特种设备维修、气瓶充装单位的许可
	国家大型发电公司所属的电站锅炉、移动式压力容器的使用登记许可
直辖市或市级市场监管部门	特种设备使用或者特种设备安装、改造、维修施工前办理使用登记或者告知
	特种设备(除国家大型发电公司所属的电站锅炉、移动式压力容器外)的登记或者接受告知以及颁发使用登记证

第2章　国外承压类特种设备市场准入

2.1　美国承压类特种设备市场准入

2.1.1　法规体系

美国政府对锅炉没有统一的质量监督检验机构，没有管理全国锅炉标准化的专门政府机构，锅炉法规标准体系以各州分散立法和标准自愿采用为特点。美国共有23个联邦政府部门从事标准化工作，全国大约有3.3万个机构与标准化工作有关。对压力容器主要是在法律、法规等法律形式的文件中引用标准，使标准成为法律法规和契约合同的组成部分，以保障压力容器安全。对压力管道主要是通过美国政府管道安全监察规程和联邦管道安全规程进行安全监察，其中，美国政府管道安全监察规程着重针对管道管理中的重大问题，如环境安全问题、检测以及风险评估问题等，联邦管道安全规程主要是针对修复管道的规定。

在法律方面，美国联邦法典（U. S. Code）标题 29 劳动

(Labor)和标题 49 运输(Transportation)子标题 111 中第 5 章危险品运输和第 59 章安全容器多式联运涉及压力容器安全管理。美国各州也同联邦一样，在本州法典有关章节中规定压力容器安全管理要求，如加利福尼亚州劳动法典第 5 部分第 1 篇职业安全与健康，第 6 篇压力容器和锅炉；公共设施法典第 1 部分公共设施管理等(林伟明，2005)。

美国有些技术法规虽也称为"标准"，但却是按照立法程序制定的，有强制力的技术法规，如 OSHA 规章(Regulation)也称 OSHA 标准(Standards)。美国所有民间机构标准都是自愿性的，包括经国家标准协会 ANSI 批准的美国国家标准，标准只有经法规指定才具有强制性。

2.1.2 标准体系

标准方面，美国联邦和各州主要采用美国国家标准(ANSI)、美国机械工程师协会(ASME)标准、美国石油协会(API)标准和美国材料试验协会(ASTM)标准，其内容涵盖了材料、设计、制造与检验、压力试验、维护修理、定期检验、工程改造、制造单位和检验机构的审查认可、检测资质认证等多个方面。美国机械工程师学会(ASME)于 1911 年成立了锅炉及压力容器委员会(BPVC)，该委员会制定的美国《ASME 锅炉及压力容器规范》在当前国际压力容器产品贸易中承担着国际性标准规范的角色。

1. 锅炉

美国锅炉标准基本上由学会、协会标准组成。主要包括：

美国机械工程师协会(ASME)标准、美国材料试验协会(ASTM)
标准、美国无损检测协会(ASNT)标准、美国锅炉制造商协会
(ABMA)标准。其中，ASME 锅炉系列标准等是美国各州通用
标准，被大多数州部分或全部采用，或作为参考标准。ASME
标准包括 ASME 锅炉压力容器规范(ASME-BPV 规范)和 ASME
性能试验规范(ASMEPTC 规范)，其标准在世界上具有很大的
影响力，不少国家的制造厂采用其来规范生产(表2-1)。

表 2-1　　　　　　　　锅炉和压力容器主要标准

标　　准	类　型
ASME BPV Ⅰ 锅炉和压力容器规范第Ⅰ卷	动力锅炉建造规则
ASME BPV Ⅱ 锅炉和压力容器规范第Ⅱ卷	材料
ASME BPV Ⅳ 锅炉和压力容器规范第Ⅳ卷	采暖锅炉
ASME BPV Ⅴ 锅炉和压力容器规范第Ⅴ卷	无损检测
ASME PTC4 锅炉性能试验规程	性能试验

ASME BPV Ⅰ《锅炉和压力容器规范第Ⅰ卷　动力锅炉建造规
则》适用于固定式的动力锅炉、电热锅炉、特小型锅炉、高温热
水锅炉、热回收蒸汽发生器以及某些受火压力容器的建造，也适
用于机车锅炉以及可移动的或牵引用的动力锅炉，包括强制性要
求、特殊禁用规定以及非强制性指南，其管辖范围限于锅炉本体
和锅炉外部管道。过热器、省煤器和其他与锅炉直接连接物中间
阀门的受压部件均作为锅炉本体的一部分，按 ASME BPV Ⅰ的规
则进行建造。从锅炉本体或隔绝的过热器或隔绝预热器的以下接

头开始，直至规范所要求装设的阀门并包括该阀门在内的管道，均作为锅炉外部管道，其材料、设计、制作、安装和试验方面的建造规则按 ASME B31.1《动力管道》的规定。

ASME 锅炉与压力容器委员会规定，ASME BPV Ⅰ《锅炉和压力容器规范第Ⅰ卷 动力锅炉建造规则》所采用的材料必须是已列入 ASME BPV Ⅱ《锅炉和压力容器规范第Ⅱ卷 材料》规格中的那些材料，而能列入 ASME BPV Ⅱ 的材料，又必须是 ASTM 标准已经采纳的。

美国的锅炉性能试验标准在 1998 年以前是 ASME PTC4.1《锅炉机组性能试验规程》(1964 年版，1991 年更新)，1998 年 ASME 推出 PTC4—1998，并于 2013 年更新为 PTC4—2013《电站锅炉性能试验规程》。ASME PTC4.1 或 ASME PTC4 目前已是国际上比较通用的锅炉性能测试标准。

2. 压力容器

美国压力容器采用 ASME 规范，其大部分标准与锅炉是一致的。该规范包括压力容器设计、材料、制造、检验检测等内容，涉及压力容器建造全过程，被公认为世界上技术内容最为完整、应用最为广泛的压力容器标准。美国大部分州的法律规定必须执行 ASME 规范，不接受任何其他国家的压力容器规范。

3. 压力管道

在长输管道方面，美国形成了一整套的基于管道设计、材料、制造、安装、检验、使用、维修、改造以及应急救援等方面的标准体系。这套标准体系主要由 ANSI、ASME、API、NACE、ASTM 等标准组织制定。在公用管道方面，关于公用管道的安全标准基本涵盖了从设计、制造、安装、改造、维修、使用、检验等 7 个环节的标准。设计、制造、安装类的标准主要采用 ASME 标准，腐蚀防护类标准主要采用 NACE 标准，改造维修类主要采用 ASME 和 API 标准，检验检测与评价主要采用 API 与 NACE 标准，管道材料主要采用 ASTM 标准。在工业管道方面，美国的标准规范由于其技术的先进性和普及使用而成为人们所熟悉的实用标准，被包括中国在内的许多国家广泛的参考和使用，主要是以 ASME B31.3 工艺管道（Process Piping）系列作为管道的安全技术规范（表 2-2）。

表 2-2　　　　　　　　　**美国压力管道标准体系**

长输管道	由 ANSI、ASME 等标准组织制定的一整套标准体系	
公用管道	设计、制造、安装类的标准	ASME 标准
	腐蚀防护类标准	NACE 标准
	改造维修类标准	ASME 和 API 标准
	检验检测与评价标准	API 与 NACE 标准
	管道材料	ASTM 标准
工业管道	ASME B31.3 工业管道（Process Piping）系列标准	

2.1.3　准入条件

ASME 的锅炉和压力容器的规范（除移动式压力容器）已被

几乎所有美国的州、加拿大和墨西哥的省(除南卡以外)采纳为锅炉和压力容器安全法规。在 ASME 规范规定的范围内的锅炉和压力容器必须要按 ASME 规范要求进行设计、制造和检验,并且要打上 ASME 钢印,这已成为一项强制性要求。

我国锅炉压力容器制造单位若向美国出口产品,也必须取得 ASME 颁发的制造证书。目前,我国国内有近 850 家制造厂持有 ASME 各类钢印证书。

2.2 欧盟承压类特种设备市场准入

2.2.1 法规体系

欧盟承压类特种设备法规分为四种:条例、指令、决定、建议和意见。其中条例、指令、决定具有约束力,建议和意见没有约束力。欧盟承压类特种设备实施统一的产品技术法规,颁布了许多 EC 指令,与承压类特种设备有关的 EC 指令有 6 部:承压设备指令 PED(97/23EC)、简单压力容器指令(87/404/EEC)、移动式承压设备指令 TPED(99/36/EC)、无缝钢瓶指令(84/525/EEC)、无缝铝及铝合金气瓶指令(84/526/EEC)、焊接钢瓶指令(84/527/EEC)。

进入欧盟各成员国的承压类特种设备,其设计、制造和检验检测都必须满足《承压类特种设备指令》要求并带有 CE 标志。欧盟《承压类特种设备指令》是世界上具有重要影响的承压类特种设备法规之一。

2.2.2 标准体系

1. 锅炉

标准是欧盟指令的基本安全要求的具体化。符合标准，就符合指令要求。欧盟 CEN/TC 269"锅壳和水管锅炉"技术委员会制定了 EN12952《水管锅炉》和 EN12953《锅壳锅炉》系列标准。要求各成员国必须采用此系列标准，与该系列标准相矛盾的国家标准应废弃。

2. 压力容器

欧洲许多国家都有自己的压力容器规范和标准，没有自己压力容器标准的国家则允许采用其他国家的规范和标准。欧盟的压力容器标准体系是由欧盟指令和欧洲协调标准(EN)2 层结构组成。为协调欧盟各成员国的压力容器标准，使压力容器有关指令规定的安全基本要求能够得到满足，欧盟陆续制定了与这些指令配套的欧洲协调标准(Harmonized Standards)。以承压设备指令 PED 为例，欧洲标准化组织(CEN)计划为其配套的协调标准共 700 多件，目前 CEN 已经完成大部分标准的制定工作，使欧盟《承压类特种设备指令》得到落实。这些欧洲协调标准(EN)包括有关材料、部件(附件)、设计、制造、安装、使用、检验等诸多方面。如 EN13445《非火焰接触压力容器》(Unfired Pressure Vessels)系列标准(压力容器方面的通用主体标准)、EN286《简单非火焰接触压力容器》等。

欧盟移动式压力容器标准主要有危险品运输容器标准（EN14025、EN12561 系列）、铁路罐车标准（EN12561 系列）、液化石油气汽车罐车标准（EN14334）、低温运输容器标准（EN14398 系列、EN1251 系列）等。气瓶方面主要有移动式气瓶标准（EN13322 系列）、无缝气瓶标准（EN ISO 11120）、液化石油气钢瓶标准（EN 12807、EN 14140），等等，以及大量有关充装、充装检验和定期检验等方面的标准（林伟明，2005）。

3. 压力管道

欧盟于 2002 年正式颁布了其压力管道标准 EN13480 "Metallic Industrial Piping"。EN13480 标准共分成五大部分，内容包含总则、材料、设计、制作安装和检验试验等。欧盟公用管道的标准涉及管道设计、制造、安装、使用、检验、修理与改造等各个环节的技术要求与规定。欧盟通过欧洲标准化组织（CEN）等技术组织制定协调标准，作为支持指令的技术文件，采用协调标准，则被认为满足欧盟指令的基本安全要求。

2.2.3 准入条件

进入欧盟市场流通的承压类特种设备必须取得 CE 认证标记。欧盟《承压类特种设备指令》对承压类特种设备的设计、制造和符合性评价提出了统一的认证方案，代替欧盟各成员国各自的准入制度，适用于欧盟所有的成员国。

在欧盟市场，"CE"标志属强制性认证标志，不论是欧盟内部企业生产的产品，还是其他国家生产的产品，要想在欧盟市场上自由流通,就必须加贴"CE"标志,以表明产品符合欧盟《技术协调与标准化新方法》指令的基本要求。这是欧盟法律对产品提出的一种强制性要求。

2.3　日本承压类特种设备市场准入

2.3.1　法规体系

日本承压类特种设备标准法规体系由"法律(法令)、政令、省令、告示、通知、标准"组成,其中,政令、省令和告示作为法令的相关基础,主要是管理方面的规定。

日本颁布《劳动安全卫生法》《劳动安全卫生法施行令》《劳动安全卫生法有关手续费令》《锅炉及压力容器安全规则》等政策法规,将承压类特种设备列入强制性的政令、省令和告示,作为相关法令的基础。

2.3.2　标准体系

1. 锅炉

日本锅炉标准主要有 JIS B 8201《陆用钢制锅炉结构》和 JIS B 8203《铸铁锅炉结构》,为非强制性的,自愿采用。日本的锅炉法规标准体系,目前应用主要局限在日本境内和日本出口的一些产品和承担的工程项目中。压力容器和管道配管材料、配管元件以及试验等相关标准,配管的设计、施工等所遵循的技术准则主要依赖于 JPI 等团体标准或以 ASME 为主的美国标准。

2. 压力容器

JIS B 8243—1981《压力容器构造》和 JIS B 8250—1983《压力容器构造(特定标准)》是日本国内最早制定的压力容器标准,这两个标准糅合统一,形成压力容器结构基础标准 JIS B 8270《压力容器构造(基础标准)》标准体系,压力容器标准体系由基础标准(JIS B 8270)和 15 个共同技术标准 JIS 标准体系(JIS B 8271~8285)构成。

3. 压力管道

在日本配管标准中,日本标准协会(JIS)规定了配管材料、配管元件以及试验等相关标准,配管的设计、施工等所遵循的技术准则主要依赖于 JPI 等团体标准或以 ASME 为主的美国标准。

2.3.3 准入条件

日本承压类特种设备的制造许可证申请需经都道府县劳动基准局批准,日本标准协会(JIS)负责标志许可证的技术评议。

日本对出口承压类特种设备原则上不加规定,由订货方提出。对进口承压类特种设备要求很严,由政府认可检验机构名录中认可的检验机构进行检验,审查设计是否符合日本有关规定和制造国公认检验机构出具的材料检验报告及制造厂质量负责人签署的加工检查、焊接工艺评定及热处理等记录报告后,出具第三方检验证书方可允许进入日本。

2.4　主要发达国家和地区市场准入经验

从发达国家承压类特种设备市场准入管理中，可以看到，政府与市场分工明确、责任清晰。政府安全监管部门负责制度建设、许可认证、监督检查，行业组织协助政府从事技术法规建设、认证审查等活动，保险公司开展安责险业务。

美国、欧盟、日本等发达国家和地区拥有完善的市场准入机制，承压类特种设备产品要在市场上流通必须获得市场准入的重要条件是产品应当符合技术法规和相关标准的规定，需要通过合格审定来证明，企业的任何违法行为都可能带来法律的惩罚和失去进入市场的资格，直接影响企业生存。通过对企业从事特种设备设计、制造、安装、改造进行许可，委托给有能力的市场化机构实施。例如，美国锅炉和压力容器制造许可由 ASME 和锅炉压力容器协会共同审核，欧盟通过 CE 认证实现了商品在欧盟成员国范围内的自由流通。日本指定锅炉协会为其管辖的压力容器制造许可审查机构。协会、学会等行业组织和保险公司在市场准入方面发挥着重要的作用。

从政府监管的角度来看，政府作为监管者履行职责就是设立一系列安全的法规、制度、标准等市场规则，然后对违法行为进行后市场处理，而不在事前或事中去对市场把关。发达国家和地区对于市场准入的主要约束还是在于构建有效的市场准入机制，包括法规体系、标准体系、监管体系和高度自律的行业内自我约束，然后由相关的监管部门为上述准入机制提供基本的制度保障，并保证日常的体系正常运行。对于承压类特种设备的设计、制造、安装、改造、维保和承压类特种设备的生产、使用与作业，其实有大量的市场主体有内在的激励愿意参与。从设备制造商来说，有更专业的能力进入承压类特种设备的设计与制造；从设备使用者来说，有更大的动力为设备提供维保服务；从设备作业者来说，有内在的激励为设备提供安装、改造、维修服务。政府进一步放宽设备设计、制造、安装、改造的行政许可制度，让众多市场主体的进入，既可以更加专业地提供生产、使用与作业的服务，促进竞争，又能够促进我国的第三方安全服务市场的发展。

第3章　承压类特种设备市场准入
理论分析与改革实践

3.1　承压类特种设备市场准入理论分析

3.1.1　法规体系规定市场准入的基本底线

  法规作为法律效力相对低于宪法和法律的规范性文件，其最大的特点在于它同样具有法律的强制性。纵观人类参与的各个重大生产活动领域，无一不是依靠法律法规来保证基础安全的。承压类特种设备作为国民经济发展的重要支撑，其运行状况更是直接关系到人民的生命财产安全。确立承压类特种设备的法规体系是满足安全生产的迫切需要，是保证人们参与特种设备安全生产的基础。我国承压类特种设备市场准入的法律法规体系是由不同级别的法律和规章构成，具有明显的层级特征。在各级法规的共同作用下，在与我国承压类特种设备相关的各地区、各生产活动环节形成了一种法律上的监管。

  随着我国社会经济的快速发展，特种设备的数量不断增加，特种设备法规体系的实施和完善对于保证特种设备安全至关重要。一方面，作为一种强制性要求，它明确规定了承压类特种设备在进入市场和人们的生产生活之前所必须满足的基础性条件。另一方面，由于承压类特种设备高参数化、高风险的特性，其安全与公众安全紧密相关。一旦特种设备出现问题，就会给人民的生命财产安全造成很大的威胁，容易引起群众的恐慌，造成国民经济的极大损失，也会给社会带来非常恶劣的影响。法律法规作为一项基础制度，维护公共秩序，保障公共安全是其最基本的初衷，因而它承担着对承压类特种设备市场准入最基本的把关职责。因此，特种设备法规体系的建立是为了充分保证特种设备的安全底线，是对特种设备相关的安全生产提供最为基本的保障。

3.1.2 标准体系确立市场准入的衡量尺度

承压类特种设备标准体系的实施能够在较大程度上避免由于标准不一致所带来的安全隐患。如果说法规体系是保障承压类特种设备市场准入的基本底线，那么标准则是法规体系的技术基础，是法律法规得以实施的重要技术保障。从理论上而言，标准是产品或方法要求，标准指导产品的生产或技术方法的实现，侧重环节控制和质量要求（细节），它是安全技术规范的具体技术支撑，是达到安全技术规范、基本安全要求的重要途径。

正由于标准对产品及其生产过程的技术要求是明确和具体的，一般都是可量化的，使得标准体系成为承压类特种设备市场准入的衡量尺度。例如，承压类特种设备焊接工艺质量评定需要标准的衡量，无损检测中锅炉、压力容器、压力管道的检验需要相关的法规对标准加以引用，既使得承压类特种设备的相关标准能够纳入同一标准化体系，又避免标准间的不一致、不协调的问题。在贸易方面，法规、技术标准与合格评定程序共同构成技术性贸易措施。另外，与标准比较，法规的技术要求虽然明确，但通常是非量化的、宏观的，有很大的演绎和延伸上的余地。因此法规对产品贸易的影响具有一定的隐蔽性，而标准对产品贸易的影响是显性的。正因为其可量化的特征，标准体系是科学批判新的主体能否进入市场的有效手段，它所具备的量化特征是直接判断市场准入的基本尺度。

3.1.3 监管体系构成市场准入的运行形式

承压类特种设备监管体系的不断发展促进了市场准入的不断深化，在监管体系的构建和完善中，我国承压类特种设备市场准入的基本形态进一步成型。从职能来看，监管体系是法规体系和标准体系的实际运行载体。承压类特种设备的监管体系主要由各级监管部门和社会检测机构以及相关的行业协会等第三方组织构成，其中以各级监管部门为主，另外两类机构为辅。在承压类特种设备的市场准入中，法规体系和标准体系是文本形式的理论性指导，而落脚到具体的执行中则需要依赖具有实体机构的监管体系的有效运行。因为承压类特种设备市场准入的每一个环节都需要相关的监管部门予以确认和审核，只有通过监管体系的具体实施，市场准入的完整程序才能一一履行。就不同的准入环节而言，承压类特种设备的设计、制造、安装、改造、修理都需要获得相应的准入许可之后方能从事对应的生产活动，而负责准入许可的审核发放工作则由相应的监管部门进行。

从结构方式上看，我国监管体系中的监管部门是按照垂直化设置的，但是从监管环节来看，各地区又是采取条块并行的方式。监管部门从中央到地方逐级分权，各地区之间则是并行监管的状态。整体上讲，监管体系作为市场准入制度具体运行的主要机构载体，承担着对各准入环节的具体把关职责。其中，社会检测机构和行业协会作为监管体系的有效补充，同时担负着一定的市场准入职责，社会检测机构主要为市场准入提供部分技术检测支撑，而行业协会作为第三方组织履行着公平监督的职能。由此，承压类特种设备的监管体系通过实际的运行程序保证了市场准入的严格性，发挥了法规体系和标准体系对于市场准入的系统性约束功能。

3.1.4 竞争机制形成市场准入的激励约束

尽管我国对于特种设备的各个环节设定有相应的市场准入要求和规范，但是承压类特种设备作为一种产品，要从供给端到达需求端最终只能是通过市场机制完成这一交易活动，进而进入人们的生产生活中。而一旦进入市场机制的范围，它就离不开市场最基本的运行法则——市场竞争。承压类特种设备企业之间的竞争淘汰机制就会对于市场准入主体形成相应的激励约束作用。当市场之外的企业认为有利可图时就会想方设法满足准入要求通过市场准入体系进入市场，从而参与市场竞争；

而当企业不适应市场竞争时则会被淘汰，因而市场的准入的进入与淘汰是动态并存的，由此构成了一个完整的市场准入形态。

维护承压类特种设备市场中正常的竞争秩序能够激励我国承压类特种设备更好地实现市场准入。承压类特种设备市场中的竞争是个动态的过程，竞争往往导致竞争对手的退出和新竞争对手的进入，进而引起承压类特种设备市场供给需求的变化，决策者会根据市场信息，调整自己的计划和投资方向。这种优胜劣汰的动态竞争，既可以不断提升市场主体的产品和服务质量，也能够不断优化和提高市场准入的基本要求和进入标准，进一步促进市场主体活力，对于促进我国承压类特种设备安全性能的提高、降低特种设备事故率，促进市场整体向前发展有着重要意义。同时承压类特种设备的市场竞争能够带来经济效益，推动整个社会经济较长期的均衡发展。

3.1.5　行业自律维护市场准入的诚信环境

行业自律是为了规范行业行为，协调同行利益关系，维护行业间的公平竞争和正当利益，促进行业发展。自律就是自我约束。行业自律包括两个方面，一方面是行业内对国家法律，法规政策的遵守和贯彻；另一方面是行业内的行规行约制约自己的行为。而每一方面都包含对行业内成员的监督和保护的机能。

就承压类特种设备而言，行业自律主要包括以下五个方面内容：第一，严格执行承压类特种设备相关的法律、法规，具体包括承压类特种设备行业实行的管理办法、合同法、其他相关法律、法规。第二，制定和认真执行行规行约，如承压类特种设备行业标准等。"行规和行约"是行业内部自我管理，自我约束的一种措施，行规和行约的制定和执行无疑会对承压类特种设备行业人员起到一种自我监督的作用，推动行业规范健康的发展。第三，向客户提供优质、规范服务。第四，避免恶性竞争，行业自律也是维护承压类特种设备行业本身的利益，有利于维护本行业持续健康的发展。第五，承压类特种设备的行业协会是行业自律的监督机构之一。行业自律是建立在行业协会的基础之上的，如果一个行业没有一个行之有效的行业协会，行业自律也就无从谈起。行业自律是市场经济体制的必然产物。每个行业只有认真地做好了行业自律的工作，本行业才能在竞争激烈的市场中生存下去，进而形成一个健康有序的市场。同样，也正因为行业自律的存在，才使得承压类特种设备的市场准入具有长期可持续发展的可能，并为承压类特种设备的市场准入营造了良好的诚信环境。

3.2 我国承压类特种设备市场准入改革实践

3.2.1 改革的方向：不同设备、不同环节分类监管

监管部门对于承压类特种设备的市场准入的管理，主要以行政许可的方式进行。通过对参与特种设备各环节的单位进行严格的审批，保证主体在进入承压类特种设备市场前具备必需的基本条件，比如相关资质、管理水平、安全标准等。因此，

我国围绕承压类特种设备的改革也是以行政许可为具体抓手进行的。

深化行政许可改革的方向是根据不同设备、不同环节的安全风险和公共性程度，确立分类的监管模式，推进生产环节、使用环节行政许可改革。除保留少量的确需要保留的行政许可事项，如保障特种设备质量安全事项、与国际接轨事项等外，可一律取消审批，向市场和社会开放。

具体来讲，一是在生产环节，进一步加大行政许可改革力度，着力精简合并许可项目。同时，按照分类监管的原则，待条件成熟，根据产品特点和风险，实施以下三种准入方式，即政府实施少量必要的许可、检验机构实施监督检验的产品市场准入和行业自律基础上的政府采信；二是在使用环节，分类改革使用登记制度，推进气瓶、压力管道等特种设备从单台设备登记向单位整体登记转变，登记前必要的技术检查由技术检查机构实施，继续实施使用环节特种设备安全管理人员和作业人员资格认定制度；三是将生产单位许可和检验检测机构核准的鉴定评审明确为行政许可相关的技术性服务；四是对检验检测人员依法实施资格管理，推动特种设备检验检测人员资格向行业自律管理转变；五是运用信息化手段，推进企业诚信体系建设，建立信用监管制度，完善缺陷特种设备召回制度，进一步加强事中事后监管。

3.2.2　改革的举措：简化行政审批，降低制度性交易成本

当下我国政府职能转变聚焦在"放管服"改革上，而"放管

服"改革的落实主要通过行政审批制度改革体现出来。政府职能的"放"体现为行政审批制度改革的"市场化"和"社会化",政府职能的"服"体现为行政审批制度改革的"精准化"和"便民化"。我国承压类特种设备按照国家分类监督管理的原则,改革优化市场准入服务,简化了企业办事流程,降低了制度性交易成本,同时依托统一信息化平台实现信息共享、信息互认,实现"信息多跑路、企业少跑腿"。具体举措主要体现在以下几个方面:

1. 压缩审批时间和简化申请资料

特种设备生产单位(设计、制造、安装、修理、改造)许可和检验检测机构核准审批发证时间进一步压缩 5 个工作日。特种设备生产单位许可取证申请资料简化为许可申请书,发证机关对营业执照实施在线核验。型式试验与监督检验不作为生产单位许可取证的前置条件,生产单位按照安全技术规范的要求,进行产品型式试验和监督检验。

2. 自我声明承诺换证

在本许可周期内未发生行政处罚、责任事故、质量安全问题和质量投诉未结案等情况,且满足相应许可条件中所规定生产业绩的生产单位,在许可证书有效期满前,采取自我声明承诺持续满足许可条件要求的方式申请直接换证,免除鉴定评审,但不得连续两个许可周期申请直接换证。不符合上述要求的特种设备生产单位,不得采取自我声明承诺的方式直接换证。

3. 简化特种设备作业人员换证手续

特种设备作业人员(含安全管理人员)在资格证书有效期满前提交换证申请,发证机关核验通过后,直接办理换证。资格证书有效期逾期的,作业人员应重新申请取证。作业人员申请换证时所提供申请材料简化为换证申请表、作业人员证书(原件)、现用人单位出具的没有违章作业、未发生责任事故等不良记录证明。除焊接操作人员外,其他作业人员换证一律不需要考试。不再要求换证申请人员提供安全教育和培训证明、持续作业时间证明和体检报告。

4. 免收费

特种设备生产单位许可、检验检测机构核准及检验检测人员资格认定涉及的技术性服务工作,采取政府购买服务方式确定鉴定评审机构和人员考试机构,并委托其开展鉴定评审和检验检测人员考试,不对行政许可相对人收费。

5. 推广网上业务办理

推广特种设备行政许可网上业务办理,实行网上申请和审批,并在网上公示审批程序、受理条件、办理标准和办理进度。

第4章 我国承压类特种设备市场准入优化建议

4.1 明确政府的监管职责, 进一步精简市场准入的许可程序

企业是市场的主体, 同时是生产的主体, 也是安全责任的主体。政府的主要职能是通过行政许可和监督检查, 促进企业提高安全质量意识, 提高企业主体的安全管理水平, 促进企业法人治理机制的形成。应该在保障安全的前提下, 努力减少行政许可审批, 简化行政许可程序, 公开行政许可内容, 逐步将行政事务中的具体事项移交给被授权机构完成, 政府主要通过监督检查, 保证行为规范。同时要在市场经济条件下探索执业制度, 形成特种设备专业人才市场。目前, 我国的大部分市场改革都聚焦在如何处理政府与市场之间的关系上。作为监管职能主体的政府部门, 对于特种设备安全的监管从理论上讲属于公共治理的范畴。根据欧美等发达地区的发展经验, 特种设备市场准入的完善需要由市场主导, 政府部门承担市场之外的职

能。首先，政府的主要职责在于提供一个良好的制度环境，确保市场良好运行。其次，对于涉及公共安全等领域，政府需要从法律、标准、行政程序等方面入手确保公共安全底线。再次，从资源的稀缺性和技能的专业性角度来看，政府资源相对于无穷变化的多元化市场需求来说十分有限，专业性也不及市场主体，政府的这种特性内在地限定了它只能作为市场的辅助。从公共管理的角度出发，除了在最基本的领域，如法律、制度、安全、环保等，政府主要是对市场失灵时的调节和优化。最后，政府与市场的另一大差异在于，其激励约束效果不同。市场的运行在于利益的驱使，政府作为集体决策容易受到集团利益的限制以及机构官僚主义等影响，最终往往不及市场的效率高。

按照《特种设备安全监管改革顶层设计方案》深化行政许可改革的要求，建议进一步压缩和取消《特种设备安全监察条例》中第十四条涉及市场准入的特种设备设计、制造、安装、改造的行政许可制度，全面清理阻碍承压类特种设备市场发展的各种行政许可，政府只提供相关制度、法规、标准等一系列政府设定的市场规则，除保留少量确需保留的行政许可事项，如保障特种设备质量安全事项等外，大部分项目可逐步取消审批，放开给市场和社会来承担，着力"减证照，压许可"，将权力还给市场，为市场主体营造更加公平、透明、便利的准入环境。

此外，应该研究、确定设备安全状况等级，确定重大危险源和监控方式，量化分析特种设备安全对经济社会发展的影响和作用，形成相关数据采集分析机制，根据特种设备的不同状况和具体条件，研究制定有针对性的监管方式，为政府科学决策提供依据。

4.2 明确承压类特种设备的"第一责任主体"，强化责任意识

承压类特种设备生产、使用、维保涉及多个主体，极易导致责任不清和相互推诿。建议在地方立法中，要以明确承压类特种设备的"第一责任主体"为根本出发点，要将第一责任落实到承压类特种设备的各个环节。对于制造环节，谁受托承压类特种设备的安装、改造、维修，谁就是承压类特种设备的第一责任人；对于使用环节，"第一责任主体"就是承压类特种设备的所有者，谁拥有承压类特种设备的所有权谁就承担第一责任。明确承压类特种设备的"第一责任主体"，并不等于它承担全部责任或最终责任，而是开启承压类特种设备安全的责任链条和带动其他主体的参与，也能够在风险隐患发现和事故责任现场起到责任牵头的作用。

以特种设备生产单位的行政许可为例，据统计，2002—2010年的8年间，全国特种设备生产单位持有的国家级、省级许可证从18644个增加到52239个，增长近两倍。从2007—2010年，许可证数量年均增长25.7%，这虽然与特种设备安全监察对象的增长密切相关，但是与这四年来特种设备（数量）13.5%、特种设备生产单位6.5%和特种设备作业人员11.2%的年均增速相比，特种设备行政许可的项目显然增长得更快。除此之外，经国务院特种设备安全监督管理部门核准的特种设备

检验检测机构,承担着准许可性质的特种设备的设计鉴定、监督检验和定期检验,在一定程度上使政府成为企业主体特种设备安全的"担保者"。政府过度规制,混淆了安全责任界限,承担了不合理无限责任,淡化甚至替代了企业作为第一责任人的主体责任,企业主体责任落实不到位。由于对责任主体的内在约束程度不够,特种设备主体常常抱有侥幸心理,忽视特种设备安全管理,更容易诱发特种设备的安全风险。

4.3 政府监管制度的重心转为对检验行为的监管

政府安全监督管理应回归安全监察的本位,以立法、监督、执法为主,履行公共管理和公共服务的职责,而不是代企业承担安全保证责任。从"监督管理并重"向"强化监督"转变,立足立法与监督,着力弥补缺位和纠正越位与错位,合理缩小监管范围,突出监管重点。政府在保障安全的前提下,逐步将行政事务中的具体事项移交给被授权机构完成,政府的安全监察机构主要通过监督检查,保证行为规范。政府更重要的职能是承担监管者角色,通过制定法律规章和准入标准(技术性规范),公开招标遴选合格的检验认证单位。企业通过自我申明公开,经过合格的市场化的检验认证进入市场,政府作为监管者,严惩欺诈行为。

小规模的特种设备检验检测机构,无论在检测能力、竞争能力还是市场运作能力上，都无法等同于规模化的特种设备检验集团。小规模的特种设备检验机构，虽然也具备基本的专业资质和能力，存在一定的市场生存空间，但相对于规模化的特种设备检验集团，不具备任何比较优势，同时犯错成本相对低廉，使得小机构的内在约束力十分软弱，故意犯错的风险远高于规模化的集团。同时，这种检验水平的差异化，实际上隐含着以政府的公信力为较低水平特种设备检验机构进行担保，因为消费者只能感知到所购买产品是否通过合格第三方的质量检验，而无法准确把握不同特种设备检验机构之间检验水平的差异。因此，政府对特种设备检验机构的监管，除了专业资质的审定，更为重要的是，必须对特种设备检验机构的检验行为进行监管，尤其是对小规模的特种设备检验机构。现行的管理制度，偏重于对特种设备检验机构检验资质的审批把关，而对特种设备检验机构在具体检验行为上的过错，还缺乏有效的制度约束，特别是对犯有严重过错的特种设备检验机构，需要进一步完善强制性退出制度。

对特种设备检验机构的专业资质审定，虽然能甄别特种设备检验主体资质是否有效，但是，这仅仅只是一种基于底线的资质认定方式。应该在将不具备资质的特种设备检验检测机构拒之于门槛之外的同时，在市场经济条件下探索执业制度，形成特种设备专业人才市场。此外，还应该研究、确定设备安全状况等级，确定重大危险源和监控方式，根据特种设备的不同状况和具体条件，研究制定有针对性的监管方式。

4.4　制定公平的特种设备检验机构准入制度

特种设备检验机构，无论是国有性质，还是外资、民营等其他所有制性质，都是通过向市场的需求方提供专业的特种设备质量信息，以市场交易的方式获取利润。而市场交易的双方，由于特种设备质量信息存在不对称性，对特种设备质量信息有着刚性需求，从而通过购买的方式予以获得。不同类型的特种设备检验机构，不会因为所有制性质的不同，而改变其作为市场主体存在的基本特征，恰恰相反，不同类型的特种设备检验机构，构成了国内特种设备检验市场中的多元竞争格局。特种设备检验市场，作为消除特种设备质量信息不对称的特殊领域，需要通过政府或者社会第三方设立的专门组织，来对这一市场上的行为主体——不同类型的特种设备检验机构，进行统一规制，包括准入条件的审定、检验行为的规制以及退出机制的设立。实施政府规制的前置条件，就是制定公平合理的准入制度，也就是说，不论何种类型的特种设备检验机构，只要其从事特种设备检验的专业技术能力达到资质认定的要求，原则上都应批准其从事提供特种设备质量信息的检验业务；对不具备专业技术能力的特种设备检验机构，则不能因为所有制性质的不同而区别对待，更不能以政府特种设备质量监管的行政需要为理由，放宽国有特种设备检验机构的准入门槛。

4.5 发挥社会组织在特种设备市场准入中的安全监管作用

  通过社会组织对特种设备的安全监管，能够避免政府单方面实施特种设备安全监管时出现的越位、缺位与不到位并存的弊端，而且能够节约大量公共资源，提高政府监管效率，是政府特种设备安全监管的有益补充。政府可以通过一系列政策措施的引导，促进社会组织的成长，将其培育成为合格的市场主体，并以购买服务的方式，将监管失灵的环节授权或委托给社会组织承担，而政府只对社会组织的市场行为进行监督，形成政府与社会组织的良性互动关系。这种通过市场化方式实现的监管，并没有改变特种设备安全监管本身的公共属性。例如，虽然第三方特种设备检验机构能够提供真实的安全风险信息，但是检验机构自身的资质水平和技术能力同样需要核定和监督。在这种情况下，特种设备检验机构只要通过了政府授权或委托的社会组织的合格评审，就视同其通过了特种设备安全监管部门的认可，而社会组织对特种设备检验机构做出的检查结论，同样可以作为特种设备安全监管部门的处理依据。

  从国际范围来看，这种由非政府组织承担政府监管职能的方式也被许多国家所采用。例如，日本在政府实行安全监督检查的同时，也采用政府委托专业协会和其他社会机构的方式转移部分政府职能。在特种设备方面，根据对象的分类成立了高压气体保安协会(KH，半官方组织)、日本锅炉协会

（JBA）、日本起重机协会、日本电梯协会等协会组织。日本具有行业性质的非营利组织发展完善，承担了重要的安全管理和检验工作，包括标准类的制定、检查、审定、认可，情报的收集、提供及技术交流，培训教育，消费者的保安措施，研究开发等。又如，美国国家锅炉压力容器监察协会（NB）虽然是非政府组织，但是大多数州要求承压类特种设备必须按照 ASME 锅炉、压力容器规范制造并在 NB 注册。NB 注册确保制造过程必须经独立第三方制造监察机构派出的 NB 认可制造检查员进行检查，从而保证了锅炉符合有关设计和制造标准的要求。NB 在注册中永久性地保存锅炉制造检查的重要数据，为业主、监管机构和检查员查阅参考提供了方便。不仅如此，NB 制定的锅炉压力容器检查标准（NBIC）已经被采纳为美国国家标准，也是目前唯一被世界广泛认可用于修理和改造锅炉和压力容器的标准。

　　行业组织是各类社会组织中最具代表性的一种，行业自律管理是政府监管的重要补充。在我国特种设备领域，行业组织也以协会的形式存在，并经授权承担了许多的特种设备安全监管的公共职能，具有一定的现实意义。例如，中国特种设备检验协会（简称特检协会）是依据法律程序、协会章程自愿结成的全国行业性、非营利性的社会组织，现有团体会员 400 余家。受特种设备安全监察局的授权和委托，中国特检协会承担了对相关单位与机构的鉴定评审（包括压力容器制造单位换证的鉴定评审，特种设备检验机构检验资格核准与换证的鉴定评审，无损检测专项服务单位资格核准与换证的鉴定评审等），对相关特种设备检验检测人员的资质考核[包括全国无损检测(NDT)高级人员的资质考核和特种设备检验人员的资质考核]以及相关法规、标准的起草或修订工作。又如，广东省特种设备行业协会是由广东省内从事特种设备生产、使用、检测检验、教学培训的企事业单位、科研机构和社会团体自愿参加组成的非营利性社会组织，目前共有单位会员507家。该协会承接的政府职能转移项目主要有：省级受理的压力容器、压力管道设计，锅炉、压力容器、压力管道元件制造，锅炉、压力容器、压力管道、电梯、起重机、大型游乐设施安装改造维修，气瓶检验、气体充装等共五类13项行政许可的鉴定评审；省局受理的锅炉、电梯、起重机械、大型游乐设施等14个项目的作业人员考核；省局负责的锅炉、压力容器、压力管道、气瓶、电梯、起重机械、厂(场)内机动车辆检验和无损检测等共15个项目的人员培训考核；对全省38个焊工考委会焊工考试全过程的监督。然而，受制于目前社会组织的"双重管理体制"，大多数行业组织受到政府有关监管部门的直接主管或指导，并不是真正意义的合格的市场主体，自律效果不明显。研究表明，行业组织的合法性基础是实现行业自律的前提，良好的内部治理结构是行业自律有效实施的结构性要求。因此，为更好地履行自律职能，行业组织就必须摆脱主管部门的束缚，采用一套包括可执行的自律规章(自律公约)、专门的自律机构(自律小组、自律委员会等)、便捷的违规审查渠道、有效的激励惩戒机制等在内的系统科学的内部治理结构。

4.6　构建以公众参与为依托的安全准入制度

特种设备安全问题产生的根本原因，在于风险的不确定性与诚信意识淡薄并存。据统计，我国特种设备事故主要发生在使用环节，绝大部分特种设备事故与安全文化问题有关，是使用单位缺乏组织文化，尤其是安全文化的结果。作为企业责任的基础，安全生产和诚信经营是经营者必须坚守的底线。安全生产主要是指经营者的注意义务或者安全保障义务。因此，特种设备相关单位应当通过观念引领和制度建设，使特种设备作业人员养成良好的安全行为，同时弘扬诚实守信的优良传统，树立"安全"的经营理念，切实履行特种设备安全的主体责任，推广先进特种设备安全管理方法，保证我国的特种设备安全发展。不仅如此，诚信除了道德层面之外，还应该将其纳入法制化轨道，强化安全信用信息采集、整合和应用，建设以特种设备安全信用记录为主要内容的实名制信用信息库。构建以公众参与为依托的安全准入制度。

多元主体协作是特种设备安全问题化解的基本途径。公众是特种设备安全风险的承担者，也是特种设备事故的受害者，因此，理性的公众参与是对特种设备相关单位最为直接有效的制衡，是政府监管的合理补充，是多元治理的基础。针对特种设备安全公众可以从三个层面进行参与：一是参与立法和决策，即对法律法规、政策措施、标准规程等产生影响；二是参与监督检查，即对特种设备安全过程产生影响；三是参与事故预防与处理，即对特种设备安全隐患发现和特种设备事故处理产生影响。特种设备安全的公众参与性取决于公众掌握的信息、组织化程度、参与事项专业复杂程度以及参与者素质等因素。因而，建立安全消费文化，就要完善特种设备安全信息公开制度，保障公众的知情权；完善公益诉讼、大规模侵权救济、惩罚性赔偿等诉讼救济制度，保障公众的维权救济机制；完善公众参与的程序，开展消费者教育等，实现政府与社会的良性互动，不断激发特种设备安全监管体系的内在活力。

4.7 以政府购买的方式实现特种设备质量安全监管信息的需求

政府购买，是政府采用招投标的方式，用公共财政购买政府所需要的各类质量信息。政府基于监管成本的约束，总是希望以更为经济的方式实现对质量安全监管的技术支撑，而国有特种设备检验机构，一直是政府特种设备质量监管所需质量信息的固定提供者，客观上形成了缺乏竞争、效率以及有效激励约束机制的不利局面。政府对特种设备检验的大量公共投入，大多也用于对国有特种设备检验机构的硬件建设，包括新建国有特种设备检验机构和养人。政府购买，则可以使公共投入从养人变为养事，通过基于投入产出效率的严格约束，将更多的公共投入，以购买的方式投入更具活力和效率的特种设备检验机构，而不论这些特种设备检验机构是否国有。另外，由于政府的购买力非常强大，对质量信息进行采购的整体规模大，往往对特种设备检验产业的规模、结构乃至发展有着十分明显的影响。同时，国有特种设备检验机构一旦失去了惯常的行政依赖，迫于市场竞争的强大压力，反而有可能激发出活力，通过不断的兼并重组，增强竞争能力，来获得政府的重新认可。

第二部分

第5章 我国承压类特种设备 检验模式

5.1 承压类特种设备检验概述

5.1.1 检验的基本概念

1. 检验的专业定义

根据 ISO 及国家标准(GB)官方文件，检验(inspection)的定义经过多次修改(表5-1)。其中，在 ISO/IEC17000：2006《合格评定 词汇和通用原则》中，检验的最新定义为："指审查产品设计、产品、流程或者安装并确定其与特定要求的符合性，或者根据专业判断确定其与通用要求的符合性的活动。"

2. 检测的专业定义

要理解检验的基本概念，必须充分区别它与检测的联系与区别。同样，对检测的官方定义也经过了类似的修改完善过程

（表 5-1）。最新的文件指出："检测是指按照程序确定合格评定对象的一个或多个特性的活动。"

表 5-1　ISO 及国标（GB）官方文件中对检验、检测的权威定义①

对象	文件	定义
检验	ISO/IEC 指南 2	通过观察和判断，必要时结合测量、检测所进行的符合性评价
	GB/T3953.1—1996	对有关性能进行测量、观察、测试或校准的合格评价
	GB/T18346—2001idtI SO/IEC17020：1998	对产品设计、产品、服务、过程或工厂的核查，并确定其对于特定要求的符合性，或在专业判断的基础上，对通用要求的符合性
	ISO/IEC17000：2004《合格评定词汇和通用原则》	指审查产品设计、产品、过程或安装，并确定其与特定要求的符合性，或根据专业判断确定其与通用要求的符合性的活动
	GB/T27000—2006《合格评定词汇和通用原则》4.3，等同采用 ISO/IEC17000：2004	指审查产品设计、产品、流程或者安装并确定其与特定要求的符合性，或者根据专业判断确定其与通用要求的符合性的活动②
	GB/T19000—2008《质量管理体系基础和术语》3.8.2，等同采用 ISO9000：2005	检验是指通过观察和判断，适当时结合测量和试验或者估量所进行的符合性评价

① 资料来源：ISO 及国家标准（GB）官方文件。
② 对流程的检查可以包含对人员、设施、技术和方法的检查。

续表

对象	文件	定义
检测	GB/T3953.1—1996	根据特定的程序，测定产品、过程或服务的一种或多种特性的技术操作
	GB/T15483.1—1999；ISO/IEC 导则 2：1996	按照规定的程序，由测定确定给定产品的一种或多种特性，处理或服务组成的技术操作
	GB/T18481—2000	按照规定程序，由确定给定产品的一种或多种特性，进行处理或提供服务所组成的技术操作
	ISO/IEC17000：2004《合格评定 词汇和通用原则》	检测是指按照程序确定合格评定对象的一个或多个特性的活动
	GB/T27000—2006：4.2	检测是依照程序确定合格评定对象的一个或者多个特性的活动

3. 检验与检测的区别和联系

检验是指实验室对送检的产品做符合性的判断，检测是通过技术手段按照程序来确定产品的各项特征数据。也就是说二者最大的联系在于，"检验与检测"都是在规定条件下，按照相应标准、规范、规程要求的程序，进行一系列测试、试验、检查和处理的操作，并得出测量结果。从广义的角度来看，检验检测活动是商品交换活动中供需双方出于各自利益需要，或产品质量判定，依托技术机构按相关标准、方法对产品进行检验、测试的活动(乔东,2012)。但区别在于,检验要求将结果与规定要求进行比较,并得出合格或符合与否的结论,而检测不要求判定合格/符合与否的结论。

那么是否可以理解为给出符合性评价的检测就是检验呢?显然不是,GB/T27000—2006《合格评定词汇和通用原则》中的2.1 对"合格评定"的定义为:与产品、流程、体系和人员或者企业有关的规定要求得到满足的证实①。简言之,检验是对规定的要求进行证实。可见检测和检验属于合格评定范畴中不同的两个独立专业领域,不仅是字面上的细微差别。

检验是对材料、产品、安装、工厂、流程和工作程序或者服务进行的符合性审查,审查流程中可能涉及也可能不涉及检测工作;而检测工作是一项独立的技术活动,它可以是为检验工作和认证等活动服务的,但它不等同或者等效于检验工作。二者的区别是,检验强调符合性的判定,而检测是相对独立的技术活动,不作出是否合格的评价,但在现实中两者联系非常紧密,检验和检测活动往往是结合在一起的。

然而,"检验与检测"也有着明显差异,其主要表现在:检验是要求将结果与规定要求进行比较,并得出合格或符合与否的结论,而检测不要求判定合格/符合与否的结论。其次检验往往带有法规色彩,在服务范围、采用相应的标准、规范、规程、出具的报告与结论等方面,都有一定限制,而这一限制又同法规相联系。正因为同法规相联系,所以其报告(证书)与结论具

---

① 合格评定的专业领域包含检测、检验和认证,以及对合格评定机构的认可活动。

有一定法律效力。而检测则是一种市场行为，并为用户与实验室(机构)之间的合作赋予了更大的空间，这种服务的形式与内容，往往是根据需要来确定的。

通常，一个机构(实验室)往往既从事检验工作也从事检测工作，这就要求该机构对服务范围、资源、质量控制及报告证书有效地监控，不得混淆。依据任务来源、检测性质、相应标准规范、用户需求及涉及的法规等要求，力求做到行为公正、方法科学、数据准确，其报告表达应准确、明确、正确。

但是对于二者的内涵的准确把握还必须注意以下两个方面：

一是法制要求的差异。如前所述，检验常常伴有法规要求，有些国际标准、导则仅仅是通用要求，或者说是基本准则，具体引用到一个国家的应用、实施，应密切结合本国实际与相关法规要求，何况 ISO/IEC 17025—1999 的 1.5 中明确指出："本标准不包含实验室运作中应符合的法规和安全要求。"比如以检验实验室为例，在我国为社会提供公证数据的检验实验室(通常是第三方检验实验室)，可以申请并通过 CNACL 认可，获得检测资格，但只有通过计量认证 CMA 证书和审查认可 CAL 证书，才能获得检验资格。从法制的角度看，能承担检验工作的机构和项目，可以承担相应的检测工作，但能承担检测工作的机构和项目，并不一定具备开展相应检验工作的资格。

二是对机构审核的自愿性与强制性的差异。检测实验室申请认可是自愿行为。我国采用了 ISO/IEC17025—1999 即 CNACL201—2001 作为评审准测；而检验实验室(机构)的考核规范为 JJF069—2000，检验机构考核为《产品质量检验机构计量认证/审查认可验收评审准则》。国际上则有 ISO/IEC17020 与 ISO 导则 65"通用要求"。对于检验实验室机构的考核，要依据法规要求实行强制性的、必需的考核，以便获得检定与检验资格，为社会提供具有一定法律效力的报告。

4. 我国对于"检验"与"检测"二者概念的厘清过程

从我国监管部门规范性文件的完善过程来看，2015 年 4 月，原国家质检总局发布《检验工作检测工作企业资质认定管理办法》；2015 年 7 月 29 日，认监委印制了《国家认监委关于印发检验检测机构资质认定配套工作程序和技术要求的通知》（国认实〔2015〕50 号），其中包含《检验检测机构资质认定评审准则》；2016 年 5 月 31 日，认监委印制了《国家认监委关于印制〈检验检测机构资质认定评审准则〉及释义和〈检验检测机构资质认定评审员管理要求〉的通知》，正式印制经修改后的《检验检测机构资质认定评审准则》。从《检验检测机构资质认定评审准则》的参考文件中可以看出，其适用范围是：检测机构、检验机构、医学实验室及生物安全实验室等，这说明从编写阶段开始已经注意到需要将检验和检测予以区分，因此也正是从这一过程开始对检验和检测的内涵进行梳理和界定。

2015 年 6 月 16 日，中国合格评定国家认可委员会印制《关于采用"检验工作"替换"检查"一词的通知》（认可委（秘）〔2015〕64 号），文件明确指出："为使合格评定工作更好与国家相关发展规划及法律法规相衔接，更符合我国合格评定企业的使用惯例，并与其他使用中文的国家和经济体的认可机构协调一致，根据我国检验检测事业发展及认证认工作需求，经慎重研究并报国家认监委，中国合格评定国家认可委员会(CNAS)决定采用'检验'替换'检查'(inspection)，其内涵和定义未发生变化；相应地，以 ISO/IEC17020 为基础认可以准则的'检查机构认可'也变更为'检验机构认可'。"①自此，我国对于"检验"和"检测"混淆不清的时代成为历史。

5.1.2　承压类特种设备检验的概念

根据上述定义，我们可以知道承压类特种设备检验的基本含义：它是指审查承压类特种设备产品的设计、产品、过程或安装，并确定其与特定要求的符合性，或根据专业判断确定其与通用要求的符合性的活动。一方面，围绕承压类特种设备的生产过程及进入市场后流向，检验必然包含着多个环节，例如承压类特种设备的设计、制造、安装、改造、维修等。这就涉及对于不同环节的检验活动。另一方面，通过对检验和检测的内涵分析我们知道，检验的目的并不止步于检测的结果，而是要通过检测对检验对象和内容做出合规性判断。因而通过专业判断其与通用要求的符合性，就决定了检验的专业性特征，同时通用要求即意味着某种是否合规的评判标准。所以检验既离不开技术性的专业检测，还必须明确判断结论的基准，因而检验检测与标准认定天生具有不可分割的内在联系。

承压类特种设备检验所依据的必须是事前给定的某种标准

---

① https：//www.cnas.org.cn/zxtz/images/2015/07/07/452FF674C09005C1FCF0C562D7769638.pdf

或规范，这些标准或规范就是市场交易中买方所认可的关于产品或服务质量的要求，只有满足了这些要求，才能够按约定的价格完成交易；反之，如果被证明没有达到这些要求，就要降低交易的价格甚至取消交易。这些标准是事前给定且相对固定，同时也往往是交易的双方共同认可的，如果这些标准随时变化，检验检测机构就无法对其质量进行判定。

需要强调的是，既然检验与标准的关联不可分割，那么随着产品和服务复杂程度的提升，必然对这些标准的专业性提出了越来越高的要求。对此，检验机构利用其自身的技术和信息优势可以制定标准，同时它也可以采用一些其他机构制定的标准或规范。除此之外，还有一类标准或规范，来自政府，主要是对于产品的基本安全性进行规定，称之为技术法规，政府要求产品需要达到技术性法规要求以后才能在市场上销售。因此，承压类特种设备的检验中既有专业的技术性要求，同时需要具备法律法规所确立基础的安全性准则，并随着检验所面临的不断变化的市场而动态优化提升自身标准水平，如此才能满足承压类特种设备市场发展的需要。

5.1.3　模式的基本概念

单纯从词义上理解，模式是主体行为的一般方式，它是作为理论和实践之间的中介环节，具有一般性、简单性、重复性、结构性、稳定性、可操作性等特征。模式在实际运用中必须结合具体情况，实现一般性和特殊性的衔接并根据实际情况的变化随时调整要素与结构才有可操作性。在《现代汉语词典》中

"模式"的定义是：某种事物的标准形式或使人可以照着做的标准样式。

从马克思主义哲学的角度来看，"模式"还可以被定义为事物内在机理的展开，它以各种不同的方式系统地体现着事物的本质属性。综合来看，"模式"主要有三层含义和特征：一是内在性，即模式是一个事物内在本质的展现；二是外在性，即模式有许多外在的表现形式；三是可借鉴性，即模式可以供人们借鉴和学习①。

从思维的角度理解，模式是指从生产经验和生活经验中经过抽象和升华提炼出来的核心知识体系。因此，模式（pattern）其实就是解决某一类问题的方法论，即把解决某类问题的方法总结归纳到理论高度。因此，模式就是一种指导，在一个良好的指导下，有助于你完成任务，有助于你做出一个优良的设计方案，达到事半功倍的效果，而且会帮助你得到解决问题的最佳办法。同时，模式也是一种认识论意义上的确定思维方式。它是人们在生产生活实践中积累经验的抽象和升华。简单地说，模式就是从不断重复出现的事件中发现和抽象出的规律，是解决问题形成经验的高度归纳总结。只要是一再重复出现的事物，就可能存在某种模式。

需要注意的是，模式与方式是有区别的。方式（form & mode）指的是言行所采用的方法和形式，而模式（pattern）则是事物的标准样式。因此，二者的区别在于是否具有一般性的特征。

---

① 人民日报 2010 年 9 月 15 日第七版：如何理解"中国模式"，http：//theory. people. com. cn/n/2013/0724/c367094-22307424. html。

模式的实现需要采取某种方式达成,但是方式只是其中很小的一部分,可以是其中一种实现途径,也可以是它的某种表现形式,并且方式不具有一般性,而模式则代表了一类具有可复制和借鉴的稳定的规律性质的方法。模式一旦通过严谨科学的检验后确立下来,就可以作为一种普遍性的、具有可操作性的规律来指导人们的行为,使其符合某种特有的规则,并达到预期的目的。因此,可以说,模式是相对更为抽象的方法论,而方式只是一种具体的方法。

因此,从更一般的角度理解,模式是在科学的战略思维指导下构成一套行之有效的行为体系,依靠该体系的系统化运行来指导我们达到某种预期目标。所以,简而言之,模式就是规律化的东西,是体系运行的方式或运行机制。

5.1.4 承压类特种设备检验模式的概念

根据以上对承压类特种设备检验及模式内涵的分析,我们基本上可以进一步界定承压类特种设备检验模式的概念:承压类特种设备检验模式就是指审查承压类特种设备产品的设计、产品、过程或安装,并确定其与特定要求的符合性,或根据专业判断确定其与通用要求的符合性的一种标准样式。如果结合承压类特种设备检验的实际步骤和内容来解读,则更易为人接受。按照法规、标准和监管的三个主要步骤来看,承压类特种设备的检验模式就是由相关的法规体系、标准体系和监管体系构成的一种针对检验对象是否符合相关要求和程序的判别机制。

对于承压类特种设备的检验，首要的标准就是安全性。根据指定的风险控制范围，设定相应的安全指标，然后由专业机构、专业人员对相关参数进行检测，获取承压类特种设备的指标性能，并根据获取的指标与指定的范围值进行对比，从而得出该特种设备产品是否合格的结论。因此，承压类特种设备的检验模式是一种系统化的操作步骤和方式方法，这种方式方法一旦制定，与之相关的各主体就明确了自己的行为规范和基本目标。对于承压类特种设备，就制造者来说，在出厂前必须自行检验是否符合最基本的市场准入条件；就使用者来说，必须在指定期限进行固定周期的检验检测，以保证设备始终处于安全的状态；就第三方检验机构来说，既要按照普遍认可的检验模式提供第三方检验服务，也要确保检验结果的真实性。与此同时，作为检验模式的构成环节，所有主体必须在整套检验模式中扮演好自己的角色，要遵守法律法规，接受政府部门、社会舆论和消费者的共同监督。由此构成的检验模式，才是相对完整合理的。

5.2 承压类特种设备检验的分类

根据《TSG0001—2012 锅炉安全技术监察规程》的要求，锅炉产品及受压元件的制造过程，应当经过检验检测机构依照相关安全技术规范进行监督检验，未经监督检验合格的锅炉及受压元件，不应当出厂或者交付使用。对于已出厂的承压类特种设备，则需要按照固定周期进行检验，以保证投入使用的设备满足安全要求。

　　因此，根据该规程，承压类特种设备的检验主要分为两大类，一类是对于承压特种设备的监督检验；另一类是对已投入使用的设备进行定期检验。其中，监督检验又分为制造监督检验，安装、改造和重大修理监督检验。定期检验主要分为外部检验、内部检验和水(耐)压试验。

　　除此之外，还有对承压类特种设备产品、部件的型式试验，包括对承压类特种设备进行的无损检测等活动。型式试验指的是在承压类特种设备设计完成后，对试制出来的新产品进行的定型试验。型式试验是为了验证产品能否满足技术规范的全部要求所进行的试验。它是承压类特种设备及重要安全部件等新产品鉴定中必不可少的一个环节。

　　无损检测是指利用声、光、电、磁等特性，在不损害或不影响被检验对象使用性能的前提下，检测被检对象中是否存在缺陷或不均匀性，给出缺陷的大小、位置、性质和数量等信息，进而判定被检验对象所处技术状态(如合格与否、剩余寿命等)的所有技术手段的总称。

　　承压类特种设备的检验按照不同的分类标准，可分为不同类别。本章节的内容主要围绕监督检验和定期检验展开。

5.2.1　监督检验

　　监督检验是指依据法律法规，由国家特种设备安全监督管理部门核准的检验机构，对承压类特种设备产品、部件的制造过程和设备的安装、改造、重大维修过程进行的验证性检验。

承压类特种设备的监督检验是强制性检验，也是全面性的检验。

1. 制造监督检验

制造监督检验的内容包括对锅炉等承压类特种设备制造单位产品制造质量保证体系运转情况的监督检查和对承压类特种设备制造过程中涉及安全性能的项目进行监督检验。监督检验的主要项目至少包括以下内容：

(1)制造单位资源条件及质量保证体系运转情况的抽查；

(2)承压类特种设备设计文件鉴定资料的核查；

(3)承压类特种设备产品制造过程的监督见证及抽查；

(4)承压类特种设备产品成型质量的抽查；

(5)承压类特种设备出厂技术资料的审查。

只有经过严格的制造监督检验程序，抽查项目符合相关法规标准要求的，才能出具监督检验证书。

2. 安装、改造和重大修理监督检验

检验机构应当依照相关安全技术规范对承压类特种设备的安装、改造和重大修理过程进行监督检验，未经监督检验合格的承压类特种设备，不能交付使用。其监督检验内容包括：

(1)安装、改造和重大修理单位在施工现场的资源配置的检查；

(2)安装、改造和重大修理施工工艺文件的审查；

(3)承压类特种设备产品出厂资料与产品实物的抽查；

(4)承压类特种设备安装、改造和重大修理过程中的质量

保证体系实施情况的抽查;

(5)承压类特种设备安装、改造和重大修理质量的抽查;

(6)安全附件、保护装置及调试情况的核查;

(7)承压类特种设备中涉及的水处理系统及其调试情况的核查。

同样的,只有经过监督检验,抽查项目符合相关法规标准要求的才能出具监督检验证书。

5.2.2 定期检验

承压类特种设备的定期检验是指在指定的检验周期内,对设备的相关检验项目进行检验审查,一般包括承压类特种设备在运行状态下进行的外部检验、在停机状态下进行的内部检验以及水(耐)压试验。

定期检验有严格的期限要求。承压类特种设备的使用单位应该安排设备的定期检验工作,并且在设备下次检验日期前1个月向检验检测机构提出定期检验申请,检验见检测机构据此制订检验计划。一般而言,对于承压类特种设备的定期检验周期规定为:

(1)外部检验,每年进行一次。

(2)内部检验,一般每2年进行一次(如锅炉),成套装置中的承压类特种设备结合成套装置的大修周期进行,电站设备则需要结合检修同期进行,一般每3~6年进行一次;首次内部检验在设备投入运行后1年进行,成套装置中的承压类特种设备和电站设备可以结合第一次检修进行。

（3）水（耐）压试验，检验人员或者使用者单位对设备安全状况有怀疑时，应当进行水（耐）压试验；因结构原因无法进行内部检验时，应当每3年进行一次水（耐）压试验。

各项定期检验项目应该遵循如下的基本顺序进行：外部检验、内部检验和水（耐）压试验在同一年进行时，一般首先进行内部检验，然后再进行水（耐）压试验，外部检验。承压类特种设备的定期检验在检验之前需要充分的技术准备，包括：①审查设备的技术资料和运行记录；②检验机构根据被检设备的实际情况编制检验方案；③进入设备内部进行检验工作前，检验人员应当通知设备使用单位做好检验前的准备工作，设备准备工作应当满足相关的规范要求、标准要求；③设备使用单位应当根据检验工作的要求进行相应的配合工作。

承压类特种设备内部检验的主要内容有：①审查上次检验发现的问题的整改情况；②抽查受压元件及其内部装置；③抽查设备的附属件；④抽查主要承载、支吊、固定件；⑤抽查设备的疲劳磨损状况，如锅炉的膨胀情况等；⑥抽查密封、绝热、绝缘等情况。

承压类特种设备外部检验的主要内容有：①审查上次检验发现问题的整改情况；②核查设备使用登记及其作业人员资格；③抽查设备安全管理制度及其执行见证资料；④抽查设备本体及其附属设备运作情况；⑤抽查设备安全附件及联锁与保护投运情况；⑥抽查水（介）质处理情况；⑦抽查设备操作空间安全状况；⑧审查设备事故应急专项预案。

5.3　承压类特种设备检验模式的构成体系

承压类特种设备检验模式的基本构成与市场准入类似，也是由法规体系、标准体系和监管体系构成。法规体系对参与承压类特种设备检验检测活动的各个主体提出具有强制性的基本要求；标准体系则为检验的各项活动提供基本的衡量和判别依据；监管体系主要为我国市场监管机构，起到对承压类特种设备检验活动的规范作用。

5.3.1　法规体系

从我国广义的质量检验角度看，与检验相关的主要法规有《标准化法》与《标准化法实施条例》《产品质量法》《产品质量检验机构计量认证管理办法》《产品质量认证检验机构管理办法》《产品质量认证管理条例实施办法》《国家监督抽查产品质量的若干规定》《产品质量国家监督抽查补充规定》《国家产品质量监督检验测试中心管理试行办法》《产品质量监督检验站管理办法(试行)》《产品质量检验机构的计量认证标志和标志的使用说明》《产品质量检验机构考核合格符号说明和图例》《产品质量检验机构计量认证/审查认可(验收)评审准则》《全国产品质量仲裁检验暂行办法》，等等。

以上法律法规在通用性上部分对于承压类特种设备是适用的。但是具体到承压类特种设备上，其检验的法规体系与市场准入的法规体系很大部分是共通的，基本上也是由"法律——行政法规和地方性法规——部门规章和地方政府规章——安全技术规范(TSG)"等层次构成。

涉及特种设备检验的法律包括《中华人民共和国特种设备安全法》《中华人民共和国安全生产法》《中华人民共和国行政许可法》等。部门规章和地方规章主要包括国务院各部门的行政规章和各省、自治区、直辖市及部分城市的地方政府规章,如某些特种设备制造监督管理办法及特种设备作业人员相关文件,等等。安全技术规范是更为具体的规范条例。

特种设备安全技术规范(TSG)是原国家质量技术监督总局为加强特种设备管理而制定的一系列规范的统称,是规定特种设备的安全性能和节能要求以及相应的设计、制造、安装、修理、改造、使用管理和检验方法等内容的国家强制要求。作为法律、行政规章的有效补充和完善,它将与特种设备有关的各项活动、技术要求以及资源监管等条文具体化,对于实施特种设备安全监管起到了重要的指导作用。特种设备安全技术规范,是政府部门履行特种设备管理职责的依据之一,是直接指导特种设备安全工作并具有强制约束力的规范。《特种设备安全法》规定 TSG 由国务院负责特种设备安全监督管理的部门即国家市场监督管理总局制定,国务院其他部门和地方管理部门不得制定。根据制定规则,特种设备安全技术规范有 9 种,用 TSG 后面的字母表示其类别:Z—综合;G—锅炉;R—压力容器;D—压力管道;T—电梯;Q—起重机械;S—客运索道;Y—大型游乐设施;N—场(厂)内机动车辆。其中,属于承压类特种设备的为:G—锅炉;R—压力容器;D—压力管道三大类(表 5-2)。

表 5-2　　我国承压类特种设备安全技术规范（TSG）

分类	规范列表
综合 Z	1.《特种设备安全技术规范制定程序导则》（TSG Z0001—2009） 2.《特种设备信息化工作管理规则》（TSG Z0002—2009） 3.《特种设备鉴定评审人员考核大纲》（TSG Z0003—2005） 4.《特种设备制造、安装、改造、维修质量保证体系基本要求》（TSG Z0004—2007） 5.《特种设备制造、安装、改造、维修许可鉴定评审细则》（TSG Z0005—2007） 6.《特种设备事故调查处理导则》（TSG Z0006—2009） 7.《特种设备作业人员考核规则》（TSGZ6001—2013） 8.《特种设备焊接操作人员考核细则》（TSG Z6002—2010） 9.《特种设备检验检测机构核准规则》（TSG Z7001—2004） 10.《特种设备检验检测机构鉴定评审细则》（TSG Z7002—2004） 11.《特种设备检验检测机构质量管理体系要求》（TSG Z7003—2004） 12.《特种设备型式试验机构核准规则》（TSG Z7004—2011） 13.《特种设备无损检测机构核准规则》（TSG T7005—2015） 14.《特种设备检验检测机构核准规则及特种设备检验检测机构鉴定评审细则》（TSG Z7001/Z7002）历次修订相关文件汇编 2011 版 15.《特种设备无损检测人员考核规则》（TSG Z8001—2013） 16.《特种设备检验人员考核规则》（TSG Z8002—2013） 17.《燃油(气)燃烧器安全技术规则》（TSG ZB001—2008） 18.《燃油(气)燃烧器型式试验规则》（TSG ZB002—2008） 19.《锅炉压力容器专用钢板(带)制造许可规则》（TSG ZC001—2009） 20.《安全阀安全技术监察规程》（TSG ZF001—2006） 21.《安全阀维修人员考核大纲》（TSG ZF002—2005） 22.《爆破片装置安全技术监察规程》（TSG ZF003—2011）

续表

分类	规范列表
锅炉 G	1.《锅炉安装监督检验规则》(TSG G7001—2004) 2.《锅炉安全技术监察规程》(TSG G0001—2012) 3.《锅炉节能技术监督管理规程》(TSG G0002—2010) 4.《工业锅炉能效测试与评价规则》(TSG G0003—2010) 5.《锅炉设计文件鉴定管理规则》(TSG G1001—2004) 6.《锅炉安装改造单位监督管理规则》(TSG G3001—2004) 7.《锅炉水(介)质处理监督管理规则》(TSG G5001—2010) 8.《锅炉水(介)质处理检验规则》(TSG G5002—2010) 9.《锅炉化学清洗规则》(TSG G5003—2008) 10.《锅炉使用管理规则》(TSG G5004—2014) 11.《锅炉安全管理人员和操作人员考核大纲》(TSG G6001—2009) 12.《锅炉水处理作业人员考核大纲》(TSG G6003—2008) 13.《锅炉水(介)质处理检测人员考核规则》(TSG G8001—2011)
压力 容器 R	1.《非金属压力容器安全技术监察规程》(TSG R0001—2004) 2.《超高压力容器安全技术监察规程》(TSG R0002—2005) 3.《简单压力容器安全技术监察规程》(TSG R0003—2007) 4.《固定式压力容器安全技术监察规程(第二版)》(TSG R0004—2009) 5.《移动式压力容器安全技术监察规程》(TSG R0005—2011) 6.《气瓶安全技术监察规程》(TSG R0006—2014) 7.《车用气瓶安全技术监察规程》(TSG R0009—2009) 8.《压力容器压力管道设计许可规则》(TSG R1001—2008) 9.《气瓶设计文件鉴定规则》(TSG R1003—2006) 10.《压力容器安装改造维修许可规则》(TSGR3001—2006) 11.《气瓶充装许可规则》(TSG R4001—2006) 12.《移动式压力容器充装许可规则》(TSG R4002—2011) 13.《气瓶使用登记管理规则》(TSG R5001—2005) 14.《压力容器使用管理规则》(TSG R5002—2013) 15.《压力容器安全管理人员和操作人员考核大纲》(TSG R6001—2011) 16.《医用氧舱维护管理人员考核大纲》(TSG R6002—2006) 17.《压力容器压力管道带压密封作业人员考核大纲》(TSG R6003—2006) 18.《气瓶充装人员考核大纲》(TSG R6004—2006) 19.《压力容器定期检验规则》(TSG R7001—2013) 20.《气瓶型式试验规则》(TSG R7002—2009) 21.《气瓶制造监督检验规则》(TSG R7003—2011) 22.《压力容器监督检验规则》(TSG R7004—2013) 23.《气瓶附件安全技术监察规程》(TSG RF001—2009)

分类	规范列表
压力管道 D	1.《压力管道安全技术监察规程——工业管道》(TSG D0001—2009) 2.《压力管道元件制造许可规则》(TSG D2001—2006) 3.《燃气用聚乙烯管道焊接技术规则》(TSG D2002—2006) 4.《压力管道安装许可规则》(TSG D3001—2009) 5.《压力管道使用登记管理规则》(TSG D5001—2009) 6.《压力管道安全管理人员和操作人员考核大纲》(TSG D6001—2006) 7.《压力管道元件制造监督检验规则》(TSG D7001—2013) 8.《压力管道元件型式试验规则》(TSG D7002—2006) 9.《压力管道定期检验规则——长输管道》(TSG D7003—2010) 10.《压力管道定期检验规则——公用管道》(TSG D7004—2010)

5.3.2　标准体系

承压类特种设备检验标准是由相关的法律法规、行政规章和技术规范形成的对承压类特种设备进行检验的结论评判依据。主要分为国家标准和行业标准，具体到各地也有地方标准，某些特种设备相关企业也会制定自己的企业标准。因此，对于承压类特种设备检验所执行的标准，一方面是根据上述标准中的检验项目，按照监督检验和定期检验进行检验的基本要求，例如对于制造环节执行相关的制造监督检验标准，对于使用环节执行相关的定期检验标准。在具体实施上，主要有对检验人员的考核标准和对监督检验与定期检验的具体标准。在制造方面涉及部分标准和要求的文件有相关的安全技术监察规程、监督检验规则、定期检验规则、设备使用管理规则、作业人员考核规则等等。因此，锅炉的检验标准主要包括《水管锅炉》(GB/T 16507—2013)和《锅壳锅炉》(GB/T 16508—2013)；压力容器方面主要是设计建造标准《中华人民共和国国家标准：压力容器》(GB 150.1-150.4—2011)和分析设计标准《钢制压力容器——分析设计标准》(JB 4732—1995)；压力管道方面，有《现场设备、工业管道焊接工程施工及验收规范》(GB 50236—98)、《压力管道规范　工业管道》(GB/T 20801—2006)、《TSG D0001—2009压力管道安全技术监察规程　工业管道》、《压力管道规范　长输管道》(GB/T 34275—2017)等(表 5-3)。

表 5-3　　我国承压类特种设备检验主要标准体系①

锅炉	产品标准	《水管锅炉》(GB/T 16507—2013)
		《锅壳锅炉》(GB/T 16508—2013)
	安全技术监察规程	《锅炉安全技术监察规程》(TSG G0001—2012)
	监督检验规则	《锅炉监督检验规则》(TSG G7001—2015)
	定期检验规则	《锅炉定期检验规则》(TSG G7002—2015)

---

① 注：此表中也列出了部分法规体系中的 TSG 文件，因其内容中也包含了与承压类特种设备检验相关的标准的内容。

续表

压力容器	常规设计建造标准	《中华人民共和国国家标准：压力容器》（GB 150.1-150.4—2011）
	分析设计建造标准	《钢制压力容器——分析设计标准》（JB 4732—1995）
	工艺评定标准	《钢制压力容器焊接工艺评定》（JB 4708—2000）
	无损检测	《压力容器无损检测》（JB 4730—2005）
	安全技术监察规程	《移动式压力容器安全技术监察规程》（TSG R0005—2011）
		《固定式压力容器安全技术监察规程》（TSG 21—2016）
	定期检验规则	《压力容器定期检验规则》（TSG R7001—2013）
	监督检验规则	《压力容器监督检验规则》（TSG R7004—2013）
	其他标准	汽车罐车、罐式集装箱和铁道罐车的核心产品标准
压力管道	国家标准	《现场设备、工业管道焊接工程施工及验收规范》（GB 50236—1998）
		《压力管道规范　工业管道》（GB/T 20801—2006）
		《压力管道规范　长输管道》（GB/T 34275—2017）
	安全技术监察规程	《压力管道安全技术监察规程　工业管道》（TSG D0001—2009）
	定期检验规则	《压力管道定期检验规则　工业管道》（TSG D7005—2018）
	监督检验规则	《压力管道监督检验规则　工业管道》（TSG D7006—2018）

5.3.3 监管体系

承压类特种设备的监管体系是为了保证承压类特种设备的质量安全,而负责对承压类特种设备的生产、使用、维修等环节实施设备安全状态监管和对相关单位包括从事检验机构监管的机构体系。主要由监管机构和检验机构组成,其中,监管机构主要为我国各级市场监管部门。检验机构则包括三类:第一类是国家市场监管总局以及各省、自治区、直辖市和各市(州、地)市场监管部门设立的专门从事承压类特种设备检验活动的系统内检验机构;第二类是市场监督管理部门对一些具有一定能力的行业部门,批准设立的在特定领域或者特定范围内从事承压类特种设备检验活动的检验机构;第三类是一些具有一定能力承压类特种设备使用单位设立的检验机构,市场化的检验机构。所有的从事承压类特种设备的检验工作的机构必须是取得《特种设备检验检测核准证》的机构,是专门从事承压类特种设备检验的机构,包括综合检验机构、型式试验机构、无损检测机构和气瓶检验机构。

针对不同检验类型和检验对象,我国承压类特种设备监管机构在具体的权利与职责范围上进行了明确的区分。国家市场监管总局和省级市场监管部门是承压类特种设备检验机构核准的实施机关(表 5-4)。国家市场监管总局负责承压类特种设备综合检验机构、型式试验机构、无损检测机构的核准,检验机构核准的鉴定评审由国家市场监管总局委托中国特种设备检验协会和中国特种设备安全与节能促进会实施。省级市场监管部门负责本行政区域内气瓶检验机构的核准,气瓶检验机构核准

91

的鉴定评审一般由省级市场监管部门委托省级特种设备检验协会实施。在检验业务分类上，监督检验和定期检验主要是由第一类和第二类机构执行，其他的检验项目可以由市场化的检验机构进行，但是这一比例很小。

对承压类特种设备检验的相关单位、机构监管，主要是为了确保承压类特种设备检验行政许可的依法实施，规范机构和单位的检验活动和检验行为，确保承压类特种设备质量安全。因此，承压类特种设备的生产、使用和维修等环节的监管，主要通过监管机构对该环节进行监督检验和定期检验来实现；对检验机构的检验活动的监管则是通过承压类特种设备检验机构的核准制度来进行的。其中，国家市场监督管理总局负责受理、审批综合检验机构和无损检测机构，并颁发《特种设备检验检测机构核准证》；省级质量技术监督部门负责受理、审批其他检验机构(含只申请房屋建筑工程及市政工程工地的起重机械和场(厂)内专用机动车辆检验的检验机构)，颁发《特种设备检验检测机构核准证》。

表5-4 检验机构核准制度

核准机关	国家市场监督管理总局、各省级市场监督管理局
核准分类	首次核准、增项核准和换证核准
核准依据	《特种设备安全法》《特种设备安全监察条例》《特种设备检验检测机构管理规定》(国质检锅[2003]249号)、《特种设备检验检测机构核准规则》(TSG Z7001—2004)、《特种设备检验检测机构鉴定评审细则》(TSG Z7002—2004)和《特种设备检验检测机构质量管理体系要求》(TSG Z7003—2004)

第6章　国外承压类特种设备检验模式

美国、欧盟、日本等发达国家和地区的承压类特种设备监管起步早、发展快，检验模式较为成熟。研究国外承压类特种设备检验机构和检验行业发展的经验以及政府部门对承压类特种设备的管理措施，对我国承压类特种设备检验模式优化和可持续发展具有一定的启示和借鉴作用。本章将重点介绍美国、欧盟和日本等国家和地区承压类特种设备的检验模式。

6.1　美国与欧盟的市场推动模式

6.1.1　美国模式

美国承压类特种设备检验模式的一个重要特点是民间机构(团体)统一资格、统一标准的优势与特种设备监管机构执行法规的强制力优势，能实现优势互补。美国国家锅炉压力容器检查协会(简称 NB 或者 NBBI)统一全国的组织机构资格和人员资格认证，统一全国检查标准。美国机械工程师学会（ASME）统一全国的设计、制造技术标准。联邦法规或各州法规采用 NB 标准和 ASME 标准，使其具有强制性。

　　美国各州、较大的市和加拿大各省的首席锅炉压力容器检察官或主任安全工程师均是 NB 的成员，他们负责行政辖区内的锅炉压力容器安全法规的实施，并对辖区内锅炉压力容器(授权保险公司检查以及用户检查机构检查的锅炉压力容器除外)实施检查。同时，保险公司、监管部门和用户(拥有或使用锅炉压力容器的个人、公司)也可以对锅炉压力容器进行检查，但需被 NB 接受或者认可。其中，制造检查(制造监检)只能由监管机构和保险公司进行。美国各州的锅炉压力容器监管机构并不统一，分布在劳工、工业、许可证发放与条规、安全与健康、人力资源、建筑与防火、商业与保障等部门。

　　此外，各州职业安全卫生管理部门负责对锅炉压力容器制造、安装、修理、使用和检查工作中的安全(强调的是劳动过程的安全，不包括锅炉压力容器的安全性能)进行监管。保险公司必须承保锅炉、压力容器保险，同时为承保的锅炉压力容器提供检查服务。这两类检查机构必须是 ASME 认可的检查机构(公证检查机构)，并得到其行政管辖部门的同意和 NB 接受。从事锅炉压力容器检查的检查员必须是通过 NB 统一考试并定期受雇于检查机构的 NB 认可检查员。经 NB 检查的锅炉压力容器会加盖 NB 标识，按照 ASME 标准检查的设备还会加盖 ASME 标识。

　　美国政府的检查是在企业检查、检验、测试的基础上进行的，或派检查人员出席见证企业的测试。企业的检查、检验、测试由其聘请有资格或持证的联邦人员实施，也可以由设备的承保公司雇用检查员实施。例如，美国负责气瓶、罐车、压力管道安全管理和监察的政府部门是运输部及其下设的研究与特殊项目管理部（RSPA）。RSPA下设危险品安全办公室及管道安全办公室，负责制定有关的法律、规程及进行行政管理。

6.1.2 欧盟模式

欧盟的承压类特种设备检验模式致力于推动各成员国的互认。欧盟负责承压类特种设备安全监察的机构主要是欧盟委员会领导的企业总司下属的法规标准司，该司的主要工作是通过协商、对话与调研，组织制定有关欧盟指令，并根据指令的要求，组织有关标准化机构制定相关欧洲统一标准。欧盟通过强制性的承压设备指令（PED，97/23/EC）代替原有的各个国家规则，对承压类特种设备的设计、制造和符合性评审提出统一的"基本安全要求（ESR）"，协调标准具体规定了达到基本安全要求的方法。

欧盟各成员国自行规定安装、使用、检验、修理和改造方面的标准。为消除各国之间检验、培训和评审之间的技术壁垒，欧洲还成立了一个协会性质的欧洲合格评定组织（EOTC），以消除各国之间的重复认证或许可。承压类特种设备的检验机构分为被授权机构（NB）、被认可的第三方组织（TP）、用户检验机构（UI）三类，需经成员国安全监察机构批准，并通报欧盟委员会和其他成员国。这些机构主要是社会机构，大部分是私营公司，承担的业务一部分是商务检验，一部分是法定检验。承担法定检验需要取得相应政府机构的授权，并接受其监督。随着欧盟指令的生效，有些成员国把原来政府部门对相关企业的行政审批和强制检验授权给检验机构，而安全监察机构主要从事制定规章、授权并监督授权机构，对违法进行处理等监督行为。比较著名的有德国技术监督协会(TUV)、法国船级社(BV)、挪威船级社(DNV)、英国劳氏船级社(LRIS)等。

　　有些成员国的检验机构还会进行政府部门授权的企业行政审批和强制检验工作，而政府部门主要从事制定规章、授权并监督授权机构，对违法进行处理等监督行为。承压类特种设备投放市场或投入使用的制造商或其在欧盟设立的授权代表安排承压类特种设备由谁设计、制造，选用哪种合格评定程序，由哪家检验机构检验，通过合格评定的承压类特种设备需张贴 CE 标志后，才允许在欧盟各成员国流通、使用。在欧盟及其成员国几乎没有对特种设备的生产、使用等单位投保责任保险的强制性规定，但是，却通过指令和法律的形式，要求承压类特种设备检验机构必须投保责任保险，并把它作为检验单位的一个必备条件。

6.2　日本的行政主导模式

　　日本承压类特种设备检验模式的行政色彩较为浓厚。对于承压类特种设备的监督管理由厚生劳动省负责，机构分为三级，第一级是厚生劳动省劳动基准局，第二级是各都、道、府、县劳动基准局，第三级是厂（矿）区劳动基准监督署，监督机构垂直领导。根据日本的国家法令，为确保锅炉和压力容器的安全和性能，从制造、安装一直到使用的各个阶段，必须接受国家的检查或国家指定机构的检查。目前，根据日本劳动大臣的决定，指定检查机构有日本锅炉协会、锅炉起重机安全协会和安田火灾海上保险公司。

日本锅炉协会主要对运行的锅炉和压力容器的性能进行检查，锅炉起重机安全协会主要进行小型锅炉、第二种压力容器和各种起重设备的检查，安田火灾海上保险公司是一个灾害保险公司，同时对投保的锅炉和压力容器也进行检查，特别是在发生事故时，派调查员去现场进行事故调查。对于锅炉压力容器的检查员资格，日本厚生劳动省有专门规定。日本锅炉协会则按照厚生劳动省的规定，采用符合规定的人员作为预定检查员，在经过规定的培训之后，呈报厚生劳动省，经劳动大臣批准后，方可作为正式检查员从事检查业务。关于锅炉和压力容器的各种检查的费用，对于锅炉是按照传热面积的大小来收取，对于压力容器则是按照内容积的大小来收取。

因此，日本从事安全检验的政府官员的权力比较大，在一定情况下具有类似警察的权力。但执行罚则，却是由专门的行政厅来执行的。这种国家机器的分工合作有利于强制执行有关锅炉压力容器、压力管道及承压设备的国家安全要求。同时为了防止滥用权力，设立了公听会制度，以充分听取各方面的意见，有利于保证法规的合理性、适应性和可行性。现今，日本的承压类特种设备安全检验部门也逐渐将检验的职权从政府部门中剥离出来。日本安全检验模式的特点是：政府通过法规进行严格的监督控制，并授权非营利组织确定行业标准，实施承压类特种设备检验。

第7章 承压类特种设备检验模式
理论分析与改革实践

7.1 承压类特种设备检验模式理论分析

7.1.1 承压类特种设备检验的基本属性

承压类特种设备检验的基本属性是一种市场化的服务。随着承压类特种设备检验服务的普及和成熟，承压类特种设备检验服务不仅能够满足消费者(即顾客)对于产品信息的需求，以便消费者更好地做出购买抉择，也能够满足生产者为了证明自身产品质量和建立自身质量信用的需要。承压类特种设备的生产者借助第三方承压类特种设备检验机构的公正、权威的检验结果来证明其质量的可靠性，并向市场传递这种质量信息，以此来吸引更多的购买者，从而扩大市场份额，增强市场竞争力。因而，承压类特种设备检验机构作为独立公正的第三方，通过对承压类特种设备质量的评价向市场传递质量信息，进而对承压类特种设备的提供者形成了一种质量信用的评估效果。承压类特种设备企业是承压类特种设备检验服务的需求主体。承压类特种设备企业通过与承压类特种设备检验机构市场交易的方式获得专业的检验服务，并形成权威、公正的第三方质量信息，以吸引消费者购买产品并获得市场信任。因此，承压类特种设备检验的出现是为了满足承压类特种设备安全和交易需要。

7.1.2　承压类特种设备检验服务的对象

承压类特种设备检验机构按照是否以盈利为目的，可大致分为公益类承压类特种设备检验机构(事业单位属性)和经营类承压类特种设备检验(或称商业类承压类特种设备检验)机构(市场属性)两个大类，服务对象应当以面向市场竞争的经营性机构为主。在两类检验机构中，根据其服务目标的不同，它们在整个承压类特种设备检验行业中具有不同的定位。经营类承压类特种设备检验机构是面向市场化经营的，在所有的承压类特种设备检验机构中占据主体地位。众多的经营类承压类特种设备检验机构通过市场竞争的方式来获得服务客户，并逐步形成了专业承压类特种设备检验服务的企业组织形态。事业类承压类特种设备检验机构则是由政府设置，为了弥补市场类检验机构所不能满足的承压类特种设备检验需求，主要以事业单位的组织形式运营。由于事业类机构的本质定位是公益属性，提供的是面向所有人的公共服务，这就决定了它不以营利为目的以及不应参与市场竞争。事实上，公益类承压类特种设备检验机构主要有两大职能：一是为政府监管承压类特种设备检验提供必要的技术支撑和检测支持；二是负责涉及国家重大安全问题、重要技术研发等承压类特种设备项目的公共检验服务。

7.1.3　政府监管部门主要解决的问题

政府监管部门主要解决承压类特种设备检验市场中的市场失灵问题。

1. 对承压类特种设备检验机构的资质进行认定

承压类特种设备检验机构进入市场，提供第三方的质量信息，要能够降低信息的不对称性，一个重要的前提就是承压类特种设备检验机构本身具有提供优等质量信息的能力和信用。如果承压类特种设备检验机构不具备相应的技术能力，将导致质量信息的扭曲，从而导致更大的质量信息不对称。这将不仅对承压类特种设备产品和承压类特种设备检验服务的买方造成不良的影响，严重的将带来质量安全伤害，也会使得买方对卖方的质量信息产生不信任感，从而导致市场交易的萎缩。还存在另一种情形，就是承压类特种设备的厂家与承压类特种设备检验机构合谋，即承压类特种设备检验机构被赎买，从而提供不真实的质量信息，这也将导致对承压类特种设备的不公平交易。当存在以上问题时，质量信息的不对称性不仅不会减少，反而可能加剧，这将对市场上的买方的利益造成伤害。因而，对于承压类特种设备检验机构的资质认定是一种具有公共产品性质的社会服务，应由政府部门来进行管理。如果任何一家机构都能够随意地进入市场提供承压类特种设备检验服务，买方就很难以花较低的成本去识别质量信息最为底线的安全性。政府对承压类特种设备检验机构的资质认定包括两个方面，一是这些机构是否具备提供服务的基本技术资质；二是承压类特种设备检验机构是否具有不良的信用记录。政府需要对这些底线性要求进行监管。

2. 对承压类特种设备检验领域的失信行为进行惩戒

政府监管部门的一大重要职责就是要维护承压类特种设备检验本身的信誉。承压类特种设备检验服务本质上是一个传递信任的服务。它最终的信号作用体现在对承压类特种设备产品质量信用以及一国的承压类特种设备产品质量信誉的评价上。而一旦出现承压类特种设备检验机构失信的行为，如伪造检验结果、检验不准确或是虚假检验等，就会对市场产生极大的负面影响，甚至有可能使市场萎缩并最终消失。承压类特种设备检验机构本身作为一种产品质量信号传递的媒介，这种失信行为必然会传递出不真实的质量信息，从而扭曲市场信号，误导消费者和生产者，产生逆向选择和道德风险等一系列市场失灵问题，导致人们对企业产生怀疑甚至影响到国家的公信力。在国际市场上，承压类特种设备检验的失信行为不仅会使我国承压类特种设备产品丧失国际市场的信任，还会导致我国真正高质量的产品无法获得应有的评价，丧失国际竞争力，进而失去国际市场。因此，承压类特种设备检验监管部门的重要职责就是对承压类特种设备检验机构的信用管理，实行事前严格审查、事中严格监督和事后严厉惩罚相结合的监管制度，维护承压类特种设备检验市场的诚信环境，保障各个承压类特种设备检机构的自身的信用，保证其为市场传递真实可靠的质量信号，保障承压类特种设备检验市场健康、有序、可持续的发展。

3. 统一承压类特种设备检验所依据的安全标准和规范

承压类特种设备检验所依据的是事前给定的某种标准或规范，这些标准或规范就是市场交易中买方所认可的关于产品或服务质量的要求，只有满足了这些要求，才能够按约定的价格完成交易。反之，如果被证明没有达到这些要求，就要降低交易的价格甚至于取消交易。这些标准是事前给定且相对固定，同时也往往是交易的双方共同认可的，如果这些标准随时变化，检验机构就无法对其质量进行判定。随着产品和服务复杂程度的提升，对于这些标准的专业性提出了越来越高的要求，检验机构利用其自身的技术和信息优势可以制定标准，同时也可以采用一些其他机构制定的标准或规范。政府需要统一承压类特种设备检验所依据的基本安全标准和规范并不断完善。由于标准和规范具有一定的外部性，政府需要对产品和服务的基本安全性进行规定，称之为技术法规。政府要求产品和服务需要达到技术性法规要求以后才能在市场上交易。随着科学技术的发展，政府需要组织公益技术力量进行研发、创新或者直接采用其他组织的标准和规范，来提升技术性法规的基本安全性能指标，并及时向社会公布。

4. 通过招标或采购的方式购买

通常情况下，政府提供公共服务，市场提供商业服务，二

者之间的公共属性和市场属性清晰分明。政府提供的承压类特
种设备检验服务主要来自公共检验的需要。从原理上讲，这类
检验服务应由政府公共检验部门实施，也就是事业类检验机构
和官方实验室等执行。但是通过市场的公平竞争和自由选择，
一大批优秀的企业类承压类特种设备检验机构逐渐成熟，设备
日趋精良，在技术上也不断完善，它们完全能够胜任这些具体
而专业化的承压类特种设备检验活动。此外，企业类检验机构
不仅有市场激励，也具有更加自由的发展空间和经营方式，凭
借自身专业化的优势和资源可以有效应对公共检验的多样化需
求。政府完全可以根据需要，合理适度地将承压类特种设备公
共检验需求面向市场开放，以招标、采购等方式，向市场化机
构购买承压类特种设备检验服务来满足公共检验需求或者弥补
市场失灵，引导市场上的承压类特种设备检验机构通过公开透
明、公平公正的竞争方式提供优质的公共检验服务。政府则只
需要做好监督审核、认证认可和维护健康秩序等工作。这样一
来，既可以提高公共服务的效率，节省行政成本；又可以进一
步激发承压类特种设备检验市场活力，促进市场竞争，提高承
压类特种设备检验市场化程度。

7.1.4　实施分类检验策略

经济学的一项基本原则是在资源约束的条件下追求利益最
大化，实施分类检验策略有利于承压类特种设备检验资源的效
用最大化。对检验机构而言，如何使有限的检验资源产生最大
的检验收益是检验机构始终追求的目标。在实现检验目标的过

程中，如果在既定检验成本或者更低的检验成本的条件下，能够达到预期的检验收益，则说明检验是有效率的。检验机构在对承压类特种设备使用单位进行检验的过程中需要耗费检验资源，这些资源不仅包括投入的人、财、物，还包括对承压类特种设备实施分类检验所产生的效果和影响等。在分析检验收益与检验成本的基础上，制定针对承压类特种设备分类检验的一个合理的边界或区间，既不放任自流，不实施任何检验；也不无限度地实施检验，以寻求最高的检验效率。这就要求检验机构在实施检验的过程中，要根据承压类特种设备的安全检验问题多样性(种类繁多)、复杂性(各类别参数不一致)等特点，采用分级分类的形式，将不同类别使用单位的检验力度控制在有效的边界内，这样就会避免出现过度检验或者检验不够的失灵现象。在检验过程中要充分发挥市场主体的优势，而不能过分限制市场机制发挥作用，应在承压类特种设备检验分级分类中充分利用这个优势，实现承压类特种设备检验的政府、市场和社会之间互相补充。

7.2 我国承压类特种设备检验模式的类型选择

7.2.1 承压类特种设备检验模式类型

承压类特种设备检验模式按照政府在承压类特种设备检验工作中的角色和作用，分为政府包揽型、政府主导型和政府补缺型。

1. 政府包揽型

政府包揽型就是政府借助权威和力量的先天优势，在集权的基础上，包揽市场、社会相关主体的承压类特种设备检验职责的一切事务。忽视市场和社会的相关主体参与承压类特种设备检验工作的作用，市场、社会职能受到政府的严格管控，成为政府的"附庸"，政府对外承担一切责任和风险。在我国从计划经济转向市场经济的过程中，承压类特种设备检验模式大量保留着计划经济时代特征，便是这种类型。

2. 政府主导型

协同合作结构是政府主导和平等开放结构的中间结构，其强调在整个承压类特种设备检验模式的复杂系统内，通过各子系统之间的有效耦合，产生协同效应，实现 1+1>2 的效果。就承压类特种设备检验模式而言，通过政府、市场与社会的分工合作，实现多赢的效果。例如，承压类特种设备保险制度，政府制定承压类特种设备投保制度，企业可以通过保险的形式转移风险，保险公司可以通过提供保险的形式得到保费，利用保险的平抑机制，激发企业在承压设备检验模式中的主体作用。日本属于这种类型。

3. 政府补缺型

采用这种类型，市场和社会成为承压类特种设备检验模式的主体，政府除了制定法规以外，通过授权将全部事务交给市场和社会中的主体来完成。政府只在一些可能存在市场失灵的检验工作中，进行适度的参与，如监督检验，并接受被授权的社会和市场主体管理。该模式可以最大限度地发挥了市场和社会主体的作用，极大地减轻政府的行政负担和风险，治理效率得到大幅度提高。但也可能因缺乏政府监管而导致治理的无序，进而衍生出一些负面问题。欧美属于此种类型。

7.2.2 政府主导型承压类特种设备检验模式优化设计

具体的政府主导型承压类特种设备检验模式如图 7-1 所示。在总体模式下，给出了与承压类特种设备检验有关的主体之间的关系，包括政府、市场和社会。其中政府包括：监管部门、属地政府和行业主管部门三个主体；市场包括：承压类特种设备使用单位、承压类特种设备检验单位、保险机构等市场主体；社会包括：行业协会、科研院所、基金会、标准委员会。目前，检验机构和行业协会还隶属于政府的技术及服务支撑机构，但随着简政放权、政府机构改革等政策措施的实施，行业协会和检验机构会逐渐脱离政府，因此，本书以此为基础，将检验机构放入市场中，将行业协会放入社会中。

（1）政府主体的权责。在政府主导型承压类特种设备检验模式中，政府部门以其自身优势占主导地位，虽然是主导地位，但并不代表政府部门要像传统检验模式下进行全面参与，而是要做好设计者、协调者、引导者、培育者。作为设计者，政府会做好承压类特种设备检验模式的顶层设计，从全局角度对承压类特种设备检验模式的组织、法律、制度、发展战略等做出

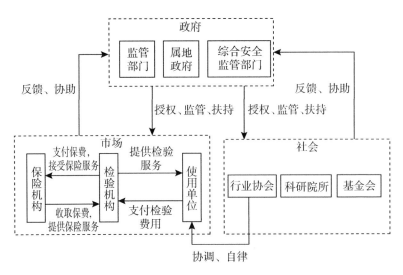

图 7-1　承压类特种设备检验模式中政府与市场、社会关系的分析框架

全面部署。作为协调者，政府要做好外部协调和内部协调，所谓的外部协调是承压类特种设备监管系统与其他部委和主管部门之间的协调，是针对承压类特种设备检验工作的法律、制度和政策进行协调，以保障整个承压类特种设备检验模式的有效运行；而内部协调是协调承压类特种设备检验相关主体，使承压类特种设备检验框架内相关主体相互沟通相互协调。作为引导者，政府以政策、制度为主要工具，监督政策和制度的公正实施，有效引导市场、社会的相关主体积极参加承压类特种设备检验工作。作为培育者，培育检验市场是政府的主要职责之一，在我国目前检验市场还没形成，社会组织的发展还不够完善，而社会组织的作用是政府、市场和其他主体无法替代的，因此需要政府在管理、技术、资金、人才等方面给予适当的扶

持和帮助。

(2)市场主体的权责。承压类特种设备检验模式中的市场主体包括承压类特种设备设计、制造、安全、使用等特种设备全生命周期的相关单位,包括承压类特种设备设计、制造、使用单位、检验机构、保险机构等。市场主体是承压类特种设备检验模式中最庞大的主体,也是承压类特种设备检验模式中的关键主体,虽然外部监管对承压类特种设备检验工作具有至关重要的作用,但内部管理,自我管理才是提高特种设备安全的根本,市场作为一个舞台,各主体在此舞台上扮演自己的角色,互相竞争、相互合作、相互牵制,政府制定相关政策,而各主体以市场之手,进行自我治理。

(3)社会主体的权责。承压类特种设备检验模式中的社会组织主要包括承压类特种设备相关协会等,是政府、市场间沟通的桥梁,也是承压类特种设备检验模式中的关键组织。随着检验机构改革的不断推进,检验机构从政府附属机构中逐渐剥离,向市场化方向发展。承压类特种设备检验模式中的社会主体,如行业协会也要为企业提供技术服务;因此,社会主体的主要职责主要包括:第一,宣传、教育、培训,通过开展承压类特种设备检验知识的宣传以及针对相关人员开展培训的形式,提高企业和检验机构的承压设备检验能力;第二,技术支持,承压类特种设备行业协会可以利用其专业技术优势为政府提供专业信息和决策咨询;第三,沟通协调,承压类特种设备行业协会可以协助政府化解社会利益的对立与冲突;第四,整合资源,充分发挥社会组织灵活性、机动性的特点,针对承压类特种设备检验环节的某个问题，可以联合社会各界的力量，共同攻克难题；第五，制度制定和实施承压类特种设备检验工作的社会组织还能积极影响承压类特种设备检验管理制度的制定与实施。

(4)保险机制的作用。第一，在相关单位进行投保时，保险人基于自身经济利益的考虑，会严格审查特种设备的风险类别、事故发生频率、安全生产基础条件等，将企业一段时间内的事故率与赔付情况挂钩，实行差别、浮动费率，这就有助于督促企业加强管理，做好预防，降低和控制风险；第二，因为保险公司采取商业化运营的方式，在保险期间，保险公司会利用专业化的手段，对投保企业进行经常的或不定期的监督检查，可使企业及时排除一些安全隐患，并通过日常的公益性、社会性安全生产教育，增强从业人员和社会公众的安全意识，降低事故发生的概率，减少损失；第三，在承压设备事故发生后，保险公司的理赔勘察作为一种特殊的监督手段，不仅可以明确责任，还可以发现企业在承压设备运行方面存在的问题，协助和督促企业改进安全生产管理机制，避免类似事故的发生。

7.3　保险机构介入承压类特种设备检验的理论分析

7.3.1　承压类特种设备责任保险的优点

保险业务实质上是风险的转移，承压类特种设备责任保险有助于增加社会福利和促进社会稳定。当保险公司接受了承压类特种设备投保人的投保时，承压类特种设备安全风险也转移到了保险公司身上。如果承压类特种设备不发生事故，对于保险公司是最好的结果。但是，承压类特种设备发生事故是随机的。如果承压类特种设备发生事故的概率低，保险公司盈利的概率就会高；如果承压类特种设备发生事故的概率高，保险公司盈利的概率就会低。但是，无论是否发生事故，总体上经济福利都会增加。这种经济福利表现为保险公司的盈利或者承压类特种设备投保人的保险收益。任何一方得利，要么有助于保险业发展，要么有助于企业恢复生产，都能够提高社会整体福利。即使经济福利为零，由于保险机制的存在能够迅速弥补事故损失，也将会产生稳定、社会安定等非经济福利。

7.3.2 非强制性的承压类特种设备责任保险很难大面积推行

承压类特种设备投保人和保险公司决定是否投保和承保的过程，是承压类特种设备投保人和保险公司基于自身的利益进行博弈的过程。如果承压类特种设备发生事故前的保费总额不高于事故的损失，则保险公司就不会承保；反之，如果投保的费用不低于事故的损失，则承压类特种设备投保人就不会投保。因此，承压类特种设备投保人和保险公司基于自身利益考虑的结果是：要么承压类特种设备投保人不投保，要么承压类特种设备投保人投保但保险公司不承保，这也是非强制性承压类特种设备责任保险难以推行的原因之一。为了解决这一问题，政府往往会采用一定的手段对承压类特种设备投保人或者保险机构进行一定的利益补偿，使得无论保费高于还是低于事故损失时，双方都能够有利可图。还有一种方法，就是动用政府强制力实施强制性保险，让保险公司和承压类特种设备投保人其中的一方为社会整体福利的提高买单。

7.3.3　承压类特种设备责任强制保险不会使相关单位承担过多的成本

对承压类特种设备投保人来说，主要是保费成本。投保人所缴纳的保费数额根据保险标的的风险情况而定，若保险标的风险较大，则缴纳的保费较多；反之，所需缴纳的保费较少。在推行特种设备事故责任强制保险时，强制责任保险费率比商业责任保险费率会低。不仅如此，由于浮动费率的规定，如果特种设备相关单位的安全管理到位，设备运行状况良好，最终确定的保险费并没有那么高，不会给承压类特种设备投保人造成严重的负担。在这种情况下保险费的支出所造成的经济负担更轻，而保障额度却相对比较高。

对于保险公司来说，主要是运营成本。保险公司在经营过程中会产生两种业务费用支出：一是赔偿所承保的事故所造成的经济损失的费用，二是营业费用。从本质上来讲，损害赔偿产生的费用并不是保险机制运作产生的；因为这种损失是客观存在的，即使不存在保险机制，事故造成的损失也要通过其他途径进行经济补偿；因此，损害赔偿的费用不属于保险公司的运营成本。对于营业费用，由于保险属于金融类服务，它只向社会提供服务，不生产产品，在经营业务中主要是各种利息支出、金融机构往来利息支出和各种准备金等。从这方面来讲，由商业性保险公司经营承压类特种设备责任保险不存在明显的劣势。

7.3.4 "逆向选择"和"道德风险"引起的成本增加

投保人总是比保险公司更清楚自己面临哪些危险、危险的程度以及可能造成的损失。同样，保险公司总是比投保人更清楚自己的经营状况。投保人和保险人之间的信息不对称会产生"逆向选择"问题。具体而言，投保人作为一个理性经济人，在投保时必然试图通过信息不对称，隐瞒自己真实的危险状况，使保险人相信自己的风险程度低，从而达到缴纳较少保费、转移较大风险的目的。而一些信誉低、能力弱的保险公司当急需资金周转，或者根本无视履行保险合同的责任时，会以极低的保费来吸引投保人。由于信息不对称，在不知道保险公司真实状况的情况下，与保险市场中信誉好的保险公司收取的偏高的保费相比，低保费对投保人显然更具有吸引力。结果，那些信誉好、能力强的保险公司就会因无人投保而被逐出市场。由于投保人对保险公司拥有自主选择权，而保险公司可以自主核定保险费率，即便采用强制的方式推行承压类特种设备责任保险，这种逆向选择的问题始终存在。为此，投保人需要通过增加防灾减损费用等措施，向保险公司表明其拟投保承压类特种设备的风险程度；保险人则通过投保人防灾减损费用等相关指标，来判断投保人拟投保的特种设备的风险程度。这种信息的生产和传递都会产生成本。但是，这种为了维持保险机制运行而付出的成本，与承压类特种设备责任保险所承保的利益相比，仍然是值得的。

除"逆向选择"成本外，保险市场中还有一种市场失灵引起的成本，称为"道德风险"成本。对于投保人来说，投保人由于投保了承压类特种设备责任保险，可能比投保之前降低注意义务，导致事故发生概率的增加，甚至可能出现恶意欺诈，骗取保险金的情况。或者在承压类特种设备事故发生后，不积极降低事故损失。对于保险人来说，保险公司，尤其是信誉低、能力弱的保险公司，可能会存在对投保人不负责任的行为，如滥用保险基金进行投机性活动，使保险基金受损等。上述两种道德风险都会产生一定的成本。然而，在强制保险的情况下，这些道德风险问题并不突出。对于投保人来说，承压类特种设备责任保险并没有取代侵权责任。并且，强制责任保险的机制设计，如奖优罚劣、实行浮动费率等，也可以有效地防范这种道德风险。对于保险人来说，在强制保险的情况下，保险公司的权利受到法律法规的严格限制，如分开管理、核算审计等，在很大程度上避免了道德风险的发生。

7.4 我国承压类特种设备检验模式的改革实践

7.4.1 承压类特种设备检验机构的整合改制

自 2011 年中共中央、国务院发布《关于分类推进事业单位改革的指导意见》起，到 2014 年国务院办公厅转发中央编办、质检总局《关于整合检验检测认证机构实施意见》，再到质检总局《全国质检系统检验检测认证机构整合指导意见》和《关于印发〈特种设备安全监管改革顶层设计方案〉的通知》，国家一直在推动承压类特种设备检验机构的改革。国内围绕承压类特种设备检验机构的改革主要是两个方面：一是整合，典型地区为江苏。2014 年 8 月 6 日，江苏省特检院启动江苏省特种设备检验机构的改革工作以来，江苏省特检院无锡分院等 19 个分院和江苏省化工压力容器安全监督检验中心成建制并入江苏省特检院，增挂江苏省特种设备事故调查处理中心牌子，协助各级市场监管部门开展安全监察工作。新整合的江苏省特检院为江苏省市场监管局所属事业法人单位。二是改制，典型地区为山东。2016 年 7 月 19 日，山东省启动特种设备检验机构整合改革，将山东省原质监系统所属 24 家特检机构及省质量技术审查评价中心转企改制。新组建的山东特检集团为省管一级公益类国有企业，加挂"山东省特种设备安全应急处置技术中心"牌子，为全省特种设备安全监管提供技术支撑，负责行政许可和监督检查相关的技术性服务、事故调查分析与应急处置、法规标准和安全技术研究、风险监测、重大活动保障性检验等工作。省级以外其他特检机构在同级政府领导下分别完成转企改制并进行整合。目前，山东特检集团已经成立，但各个地级市特种设备检验机构还未完全改制转企，改革进程放缓。

从 2014 年到 2018 年五年间全国特种设备安全状况通告的数据显示，系统内特种设备检验机构的数量一直维持在 300 家左右，行业和企业机构的数量在 190 家左右（图 7-2），2016 年到 2018 年这三年有下降的趋势。一方面，说明承压类特种设备检验领域的事业单位改革进展缓慢；另一方面，也可以看出国家对于承压类特种设备检验市场准入持从严管理的态度。

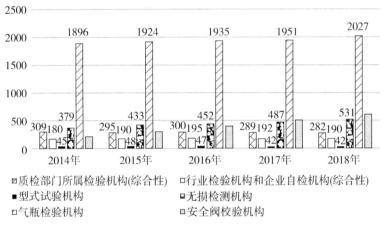

图 7-2　特种设备检验机构分布情况

7.4.2　承压类特种设备检验收费方式的调整

在政府职能转变和优化发展环境的背景下，各地为了减轻企业负担，对涉企行政事业性收费进行清理和规范。承压类特种设备检验收费属于涉企行政事业性收费，被各地列入清理和规范的范围。各地对承压类特种设备收费方式和收费标准进行了不同的调整，其中较为典型的地区为广东。2014 年 5 月 16 日，广东省财政厅、发改委印发《关于免征中央　省设立的涉企行政事业性收费省级收入的通知》(粤财综〔2014〕89号),在全国率先取消特种设备检验的省级行政事业性收费。2016年3月29日,广东省财政厅、发改委印发《关于免征部分涉企行政事业性收费的通知》(粤发改价格〔2016〕180号),自2016年4月1日起,广州、深圳、珠海、佛山、东莞、中山等6市一并免征特种设备检验的市县级收入,自2016年10月1日起,其他市免征特种设备检验的市县级收入,全面实现承压类特种设备的行政事业性收费"零收费"。取消承压类特种设备的行政事业性收费后,财政补助单位的经费支出,通过部门预算予以安排;自收自支单位的经费支出,通过安排其上级主管部门项目支出予以解决。除了广东以外,湖北于2015年①、天津于2017年②也对涉企的承压类特种设备检验费实施免征。其他地区相比而言则较为保守,或降低收费标准,如上海、四川等地;或采用市场机制,如湖南2018年对部分承压类特种设备的检验收费实行自主定价。

上述收费方式中,免费检验的调整幅度最大,争议也最多。一方面,对企业的承压类特种设备实施免费检验服务,大大降低了企业的检验检测成本;但另一方面,由于免费检验服务削弱了对承压类特种设备检验机构的激励,引起大量的检验任务积压,免费检验成了"排队检验",增加了企业成本。

---

① 《湖北省财政厅关于涉企行政事业性收费和政府性基金项目的公告》,http://czt.hubei.gov.cn/gk/flfg/zffssr/65844.html,2015。

② 《天津市场监管委转发关于免征或降低部分涉企行政事业性收费有关事项的通知》,http://scjg.tj.gov.cn/zwgk/gzwj/20363.html,2017。

7.4.3　承压类特种设备责任保险制度的发展

2009 年年初，原国家质量监督检验检疫总局制定的《2009年特种设备安全监察工作要点》指出"推动特种设备安全责任保险试点工作。"2009 年 5 月 1 日，新修订的《特种设备安全监察条例》开始实施，明确规定"国家鼓励实行特种设备责任保险制度，提高事故赔付能力"。第一次将承压类特种设备责任保险纳入行政法规的范畴。同年 5 月 19 日，贵州保监局与贵州质量技术监督局联合下发了《关于推行特种设备责任保险的通知》，要求特种设备生产、经营、使用单位或产权所有者及气瓶充装单位应投保特种设备第三者责任保险，并积极引导和督促特种设备检验检测单位投保特种设备检验检测责任保险。贵州成为全国率先全省推开特种设备责任保险的省份。之后，天津、江西等地纷纷出台特种设备责任保险实施意见。虽然各地明确要求特种设备生产、使用等单位应当投保特种设备责任保险，但由于其并非法律、法规的明文规定，并不是强制的承压类特种设备责任保险。在 2012 年第十一届全国人大常委会第二十八次会议审议特种设备安全法草案的分组审议会上，常委会委员和列席会议的全国人大代表围绕"特种设备要不要引入强制保险"问题进行了深入讨论，但最终被否决①。

在承压类特种设备保险产品方面，2009 年 3 月，中国保监会核准备案了《锅炉及压力容器综合保险条款》(编号：华安(备

---

①　《特种设备要不要引入强制保险》，http：//news. sina. com. cn/o/2012-09-17/063925188025. shtml，2012。

案)7号)后，国内多家保险公司，如太平洋保险公司、平安保险公司、中国人寿财产保险公司等相继推出了承压类特种设备责任保险产品，并拟定了相应的保险条款。一般以"特种设备安全责任保险"命名，一些保险公司以特种设备安全责任保险作为基本险，同时推出附加保险，如雇主责任保险、第三者财产损失保险、雇员伤害责任保险、恶意破坏、暴力冲突责任保险等。中国人民财产保险公司还推出了"特种设备检验责任保险"。从承压类特种设备保险法规和保险产品的分析，可以发现，目前我国现有的承压类特种设备责任保险具有较强的任意性，承压类特种设备检验机构被列为被保险人也尚未被普遍接受。未查询到承压类特种设备的保险数据，但从电梯保险的数据来看，购买商业保险的电梯占比在25%左右①。

---

① 《张茅：今年购买商业保险的电梯要达到30%以上》，http：//lianghui. people. com. cn/2019npc/n1/2019/0311/c425476-30969628. html，2019。

第8章 我国承压类特种设备检验模式优化建议

8.1 承压类特种设备检验机构改革

将市场监管部门下属的事业性承压类特种设备检验机构改革为事业性技术检查机构和公益类国有企业，保证承压类特种设备检验机构的公益导向。以"事业性技术检查机构+公益类国有企业"模式部署实施承压类特种设备检验机构改革。技术检查机构为公益类事业单位，是政府强化承压类特种设备监督检查所保留的技术支撑机构，具体负责承压类特种设备安全监察的技术支撑工作。原则上不从事经营性检验业务，不参与市场竞争。由本级市场监督管理部门向编制管理部门对保留的承压类特种设备检验机构重新核定"三定"(定机构、定编制、定职能)方案。保留中国特检院作为技术检查机构。国有企业性质的承压类特种设备检验机构对外开展承压类特种设备监督检验和定期检验等检验检测业务，自主经营，自负盈亏。对涉及承压类特种设备检验业务的人、财、物进行整体划转，改制为公益类国有企业，实行市场化的用人机制，归由国有资产监督管理部门管理，与市场监督管理部门形成"被监督-监督"关系（图8-1）。建议国家市场监管总局出台推进承压类特种设备检验机构职能转变与整合改革的实施意见，明确改革"时间表"，并牵头成立专项督查组对检验机构改革进行专项监督检查。

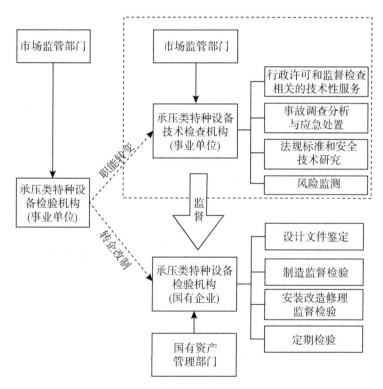

图 8-1 "事业性技术检查机构+公益类国有企业"检验机构改革模式

8.2　精简优化承压类特种设备检验机构核准等行政审批事项

改革现有的制造、安装监检制度，将设计文件鉴定、型式试验、产品定型能效测试与原有的制造、安装监检统一纳入监督检验范畴。下放、取消一些承压类特种设备检验行政许可事项，将丙级或者乙、丙级承压类特种设备检验机构、无损检测机构、锅炉水(介)质检测等检验机构的核准下放给省级市场监管部门。推动承压类特种设备检验机构资质和检验人员资格向行业自律管理转变，将承压类特种设备检验机构行政许可逐步改由行业协会认证，取消特种设备检验人员资格认定的行政许可。实行承压类特种设备检验人员职业资格考试和执业资格注册制度，探索建立全国统一的特种设备检验工程师资格考试制度，由国家和省级市场监管部门联合本级人事部门组织实施。建立承压类特种设备文件鉴定机构和定型产品能效测试机构认可制度，将设计文件鉴定机构和定型产品能效测试机构等行政确认明确给承压类特种设备检验协会或其他认证机构实行认可管理。改革承压类特种设备检验机构核准的鉴定评审方式，建立专家鉴定评审制度，组建国家和省级承压类特种设备检验鉴定评审专家库，由邀请机构鉴定评审改为邀请专家鉴定评审，将检验机构核准的鉴定评审明确为行政许可相关的技术性服务。优化承压类特种设备检验机构核准流程，探索承压类特种设备检验申请机构自我声明承诺换证制度；对承压类特种设备检验申请机构逾期未完成鉴定评审不符合项目整改的，不予核准。

8.3 扩大承压类特种设备检验市场开放程度

修订《特种设备检验检测机构管理规定》《特种设备检验检测机构核准规则》《特种设备检验检测机构鉴定评审细则》等法律法规中有碍承压类特种设备检验市场竞争或机构转企改制改革的制度性规定，如"从事监督检验的机构应当具有不以营利为目的的公益性事业法人资格""不予受理在拟开展检验业务的区域或者范围内，检验对象的检验责任已由取得核准的其他检验机构承担""乙类和丙类机构只能在省级质量技术监督部门限定的区域内从事检验工作"等。出台《关于不得限制或变相限制特种设备检验机构跨地区开展检验检测相关业务的通知》，明确承压类特种设备监督管理部门不得下发或联合下发限制承压类特种设备检验机构跨地区开展承压类特种设备检验相关业务的文件，不得以任何形式限制承压类特种设备检验机构使用特种设备信息化平台，允许承压类特种设备生产、经营、使用单位在授权检验机构范围内自主选择检验机构。探索向外资企业开放承压类特种设备定期检验市场，允许符合条件的外商投资企业获得承压类特种设备检验资质，核准标准和内资企业一致。加强与国际知名机构的合作，搭建与国外检验认证机构的沟通平台，推动承压类特种设备检验认证结果采信及其标准的国际互认。

8.4　允许更多的市场主体力量参与承压类特种设备检验

　　落实承压类特种设备生产和使用单位的市场主体责任，探索对 I 类压力容器等低风险承压类特种设备，允许承压类特种设备生产和使用单位成立自行检验机构，对其制造、经营、使用的承压类特种设备进行监督检验和定期检验。自行检验机构对其出具的监督检验和定期检验报告负责。自行检验机构的核准条件中应增加对人机比的测算和违法失信行为的审查，避免自行检验机构检验能力不足的风险。允许承压类特种设备自行检验机构对监督检验或定期检验的检验项目中分类为 C 类或者部分 B 类进行检验并出具检验报告，如设计文件鉴定、管理体系检查等检验项目。综合检验机构对自行检验机构已出具合格检验报告的检验项目可以不再实施监督检验或定期检验，仅出具实施检验项目的检验报告。综合检验机构和自行检验机构各自对其检验部分的数据和结论负责，自行监督检验报告和综合监督检验报告共同作为承压类特种设备出厂监督检验证明文件。建立健全政府购买承压类特种设备检验服务制度，通过发挥市场机制作用，把政府直接提供的一部分公共领域的承压类特种设备检验事项以及政府履行承压类特种设备检验事项职责所需的事务性工作，按照一定的方式和程序，交由具备条件的社会力量承担，由政府根据合同约定向其支付费用。

8.5 引导社会力量参与承压类特种设备检验治理工作

出台承压类特种设备检验行业协会与行政机关脱钩改革实施意见，按照"五分离、五规范"的改革要求，落实承压类特种设备行业协会脱钩改革要求。积极发挥承压类特种设备行业协会作用，建议由国家特种设备检验行业协会开展承压类特种设备设计文件鉴定单位、能效测试评价单位的确认工作；支持承压类特种设备检验行业协会开展高于国家标准要求的承压类特种设备检验工作；引导承压类特种设备检验行业协会参与承压类特种设备检验鉴定评审专家库建设等公共管理和公共服务。研究建立承压类特种设备检验违法严惩制度、惩罚性赔偿和巨额罚款制度，大幅度提高承压类特种设备生产、经营、使用、检验等单位的违法成本。研究建立承压类特种设备检验领域"吹哨人"、内部举报人等制度，对举报承压类特种设备检验严重违法违规行为和重大风险隐患的有功人员予以重奖和严格保护。建立承压类特种设备检验失信惩戒机制，出台承压类特种设备检验领域信用管理制度和共享办法，将承压类特种设备检验领域信用信息纳入社会诚信体系。

8.6 在高风险区域内的承压类特种设备检验中引入责任保险和检验责任保险制度

对人员密集场所、化工集中区等高风险区域使用的承压类

125

特种设备实施强制责任保险制度。探索将投保承压类特种设备责任保险的承压类特种设备检验业务，由保险公司通过自行组建检验力量或者委托有资质的检验机构实施，鼓励保险公司同国有、民营检验机构、认证认可机构组建专业保险检验公司。推动建立"特强险"制度，对《特种设备安全法》《特种设备安全监察条例》提出修改建议，从法律上确定承压类特种设备安全责任强制保险的法律地位。探索建立承压类特种设备安全事故救助基金制度，将承压类特种设备专项救助基金，作为承压类特种设备安全责任保险的补充，以保证在承压类特种设备安全事故中受害人不能按照特强险制度和侵权人得到赔偿时，可以通过救助基金的救助，获得及时抢救或者适当补偿。出台《承压类特种设备检验责任保险管理规则》，将承压类特种设备检验机构给检验人员投保第三方责任险作为赔付能力的法定要求，防范承压类特种设备检验人员的检验行为对企业造成损失的风险。

8.7 培育一批具有国际竞争力的综合性 特种设备检验认证集团

进行承压类特种设备检验资源行业内整合，通过整合省内外承压类特种设备检验资源，组建省或跨省的综合性特种设备检验认证集团。可以参照山东改革经验，采取整合、改革、转企三步并作一步走。由中国特检院牵头，联合地方特检机构，以资产为纽带，组建成立中国特检集团。鼓励承压类特种设备检验机构进行跨行业整合，同各级检验认证机构、综合检测中心进行整合，推进承压类特种设备检验机构规模化、综合化发展。在每个省内组建一至两家具备一定品牌影响力的特种设备检验认证集团。出台促进承压类特种设备检验服务业发展的实施意见，为各地整合和转企改制提供政策指导。鼓励一些有优势、有实力的承压类特种设备检验机构适时组建上市检验集团，实行社会资本融合，为做大做强提供助力。适时启动国有承压类特种设备检验机构进行混合所有制改革，允许国内民间资本和外资参与国有企业承压类特种设备检验机构的改组改革，进一步促进国有承压类特种设备检验机构发展。通过合理整合、优化现有的机构资源，着力打造自主化品牌，朝世界一流的检验机构看齐，逐渐形成自己的品牌影响力，并从低端的基础性检验盈利模式走向上游高端的品牌盈利模式。

第9章 案例分析：北京市特种设备行政许可和电梯检验改革

——对于承压类特种设备市场准入与检验的启示

北京市市场监督管理局(原北京市质量技术监督局)于2018年1月向国家市场监督管理总局(原国家质检总局)提出了进行特种设备行政许可和电梯检验改革试点工作(以下简称北京市特种设备改革)申请，总局在审核后批复同意进行改革试点，并规定改革试点工作期限为两年。到2019年底，两年改革试点期限届满，北京市市场监督管理局委托武汉大学质量发展战略研究院承担了改革效果的第三方评估项目工作。鉴于该项改革恰好是围绕与特种设备市场准入相关的行政许可和与特种设备检验相关的电梯检验进行的具体实践，正好可以作为本书的一个研究案例来进行分析。通过对北京市特种设备改革实践案例的分析，可以更好地为本书的主题——承压类特种设备市场准入与检验模式的优化提供参考和启示。

这次改革，北京市市场监督管理局围绕行政监管和电梯检验两个方面展开了特种设备行政许可和电梯检验改革工作，在以行政许可为代表的特种设备市场准入和以电梯检验为代表的特种设备检验方面取得了较好的改革成果，为我国的特种设备安全监管和检验积累了值得学习借鉴的宝贵经验，这同样对我国承压类特种设备的市场准入和检验模式的优化完善具有重要的参考价值。

本章将首先介绍北京市特种设备行政许可和电梯检验改革的背景，梳理此次改革的主要举措和取得的成效，其次分析改革中所存在的问题与瓶颈，最后结合我国承压类特种设备的市场准入和检验模式阐述此次改革所带来的启示与思考。

9.1 北京市特种设备行政许可和电梯检验改革的背景

9.1.1 此次改革是国务院简政放权放管结合优化服务改革的要求

当下我国政府职能转变聚焦在"放管服"改革上，而"放管服"改革又主要通过行政审批制度改革来落实。各部门通过深化简政放权、创新监管方式、优化公共服务来促进政府职能转变。在这一背景下，北京市特种设备监管存在着行政审批程序繁琐复杂、传统监管方式效能低下等问题，监管职能亟待转变。主要体现在以下三个方面，一是北京市特种设备许可权限集中在市局一级，各区局、分局在接到生产单位、充装单位、检验机构的许可申请后需要提交市局审批，过长的审批流程降低了行政服务效率；二是对于特种设备生产环节，当前的监管重点仍然部分停留在准入门槛把关上，不利于市场准入；三是电梯安全监管方式缺乏科学的风险管控思维，没有根据不同的风险等级合理配置监管资源。因而，在全国"放管服"改革的背景下，北京市特种设备监管部门需要对特种设备的相关制度进行改革和创新。

9.1.2　特种设备的监管缺乏有效的安全责任主体自我约束与激励机制

特种设备检验机构，承担着准许可性质的特种设备的设计鉴定、监督检验和定期检验，在一定程度上使政府成为企业主体特种设备安全的"担保者"。这种监管模式混淆了安全责任界限，致使政府承担了不合理的无限责任，淡化甚至替代了企业的第一主体责任，致使权责不对等，导致企业主体责任落实不到位。由于对责任主体的内在约束程度不够，特种设备主体常常抱有侥幸心理，忽视了对特种设备安全的管理，从而更容易诱发特种设备风险。因此，需要通过转变监管模式、创新监管机制进一步明确政府的监管职责和企业的主体责任，从"全包全揽"的传统监管方式转向依靠市场调节机制下的公平竞争和行业自律，形成安全责任主体的自我约束与激励机制。

9.1.3　特种设备监管存在着有限的监管资源与特种设备风险之间的矛盾

随着社会经济的发展，特种设备数量快速增长，而检验机构、检验人员等监管资源的增长速度远跟不上设备的增长速度。特别是高参数、高危险性大型特种设备急剧增多，意味着潜在安全风险的增加。传统的监管模式面临着有限的监管资源与不断增长的特种设备风险导致的"人机矛盾"。以电梯为例,根据数据统计,北京市目前电梯总量为 24 万台,而系统电梯检验人员则只有 252 人,平均每人每年的检测数量为 952.4 台,就算全年不休,每人每天的检验量为 2.6 台,这显然有极大的困难。并且,通过 2015 年至 2019 年近 5 年数据计算发现,北京市的电梯数量以平均每年 4.16% 的速度增长①,预计 10 年后电梯数量将达到 36.09 万台,那时年人均检测电梯数量将高达 1432.1 台(图 9-1 和图 9-2)。可见,若不转变现行监管模式,"人机矛盾"必然日益突出,甚至难以调和。从理论上讲,"人机矛盾"并不是简单的"资源与风险"的冲突,其问题的本质在于资源的配置机制和配置效率。政府本身具有公共资源属性,其主要职能是实施执法性质的监督性检验,而不应提供市场化的检验服

图 9-1 2015—2019 年北京市电梯数量(台)

---

① 数据来源:根据北京市官方公布的相关信息,课题组整理了 2015—2019 年全市电梯数量,分别为 2015 年 195715 台,2016 年 209779 台,2017 年 219644 台,2018 年 230125 台,2019 年约 240000 台,5 年平均增速为 4.16%。

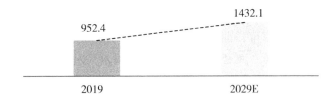

图 9-2　北京市检测机构人均检验电梯数量(台)

务，就其有限的资源而言，也必然不能适应无限变化的、多元化的市场需求。因而，面对这一问题，最终的解决方案只能是通过更加合理的监管制度，引入市场化的第三方检验机构，优化监管资源配置，并充分发挥市场机制的作用来提高监管效能。

9.1.4　特种设备安全治理能力和治理体系现代化的需要

随着我国创新驱动、智能制造等战略规划的推进，科技快速进步之下的特种设备正向着大型化、高参数、高风险方向发展，这对于特种设备安全监管提出了更高的要求。在国家大力推进治理体系和治理能力现代化的背景下，进一步提升特种设备监管能力，完善特种设备市场监管制度，建立健全现代监管体系是国家治理能力现代化的重要方面。实现特种设备安全治理能力和治理体系现代化需要依靠监管制度及监管体制的创新和优化，推动放宽市场准入，加强事中事后监管、优化政府服务来解决现行监管体制机制僵化、监管效用迟滞、监管模式落后等问题。因而，推进特种设备监管治理体系和治理能力现代化只能是通过系统集成的改革方式进行。以体制机制和监管模式的改革，充分发挥政府、市场和社会等多个构成要素的共同作用，借助现代化的信息技术，形成现代化综合协调的特种设备安全监管多元共治体系。

9.2　北京市特种设备改革的主要措施

此次北京市特种设备改革主要围绕行政许可和电梯检验两个方面展开。在行政许可方面，主要通过许可权限下放、调整生产单位许可有效期和推进行政许可事项网上审批等措施，分类推进特种设备行政许可改革；在电梯检验方面，通过严格评估风险等级确定试点范围，调整电梯定期检验周期，引入市场化的第三方检验机构，实施部分电梯自检。

9.2.1　行政许可权限委托下放

为落实"放管服"改革要求，围绕政府职能转变，北京市市场监督管理局进一步深化行政审批制度改革，加大放权力度，通过将特种设备许可权限委托下放，采取了分类推进生产环节、使用环节行政许可改革，进一步推动简政放权向纵深发展。依据《北京市进一步深化简政放权放管结合优化服务改革重点任务分工方案》的任务要求，北京局在全市统一的审批标准下，将特种设备生产单位（设计、制造、安装、改造、修理，下同）、充装单位、检验机构许可权限委托下放到各区局、分局执行，大大简化了行政许可的程序，节约了审批办理的时间成本。

9.2.2　延长许可证有效期

根据调研分析历年特种设备单位类行政许可的情况发现，许可资质单位状况趋于平稳，但在日常监管中许可资质企业存在的违法违规问题多发生在证后检查、检验检测、投诉举报等事中、事后环节，因此决定调整监管方式，强化对于许可资质企业的事中、事后监管。在具体实施上，根据《北京市特种设备行政许可和电梯检验改革试点工作方案》，将特种设备行政许可原 4 年有效期调整为 8 年。对于新核发的许可证书有效期 8 年，已核发的许可证书，按原许可日期直接换发有效期 8 年的许可证书。许可有效期届满前，按规定办理行政许可延续(表 9-1)。

表 9-1　　　　　　　　延长许可证有效期的具体措施

调整行政许可有效期：由 4 年延长到 8 年	
新核发的许可证书	许可证书有效期 8 年
已核发的许可证书	按原许可日期直接换发 8 年有效期证书
许可有效期届满前	按规定办理行政许可延续

9.2.3　行政审批在线办理

按照市局的行政许可改革工作要求，北京市市场监督管理局制定了《北京市特种设备行政许可改革工作实施方案》，对特种设备使用登记等许可事项全面推行网上审批，实行电子证照化。许可申请单位依据提示网上提交办理所需材料，经审批通过后按照引导流程，自助打印特种设备使用登记证或者使用登记表，完成全部办理流程。

9.2.4 创新电梯定期检验模式

为进一步督促生产、使用、维保等单位落实主体责任，加强和规范对电梯的自行检测，根据设备风险水平和安全管理状况严格划定试点范围，制定了《北京市电梯检验改革试点工作实施方案》以稳步推进试点电梯检验改革，对试点电梯调整定期检验周期，通过放开部分电梯实施企业自检的方式引入市场检测机构，发挥了市场机制的作用，并在后续监管中强化试点电梯的安全保障措施。

1. 严格评估风险等级确定试点范围

经过风险分析，最终将试点范围确定为两类：一类是使用时间在十年以内的电梯、组织规模较大单位维保的电梯；另一类是风险性较低的杂物电梯。因此，本次电梯检验改革试点工作将由试点单位维保且投入使用时间在 10 年以下的和全市范围内所有办理使用登记并在检验合格有效期内的杂物电梯纳入试点范围(表 9-2)。

表 9-2 电梯检验改革试点范围

试点单位	维护保养电梯数量不少于 5000 台的电梯维保单位
试点电梯	由试点单位维保且投入使用时间在 10 年以下的电梯 办理使用登记并在检验合格有效期内的杂物电梯

2. 严格工作流程稳步推进试点改革

对以上试点电梯原则上每两年由经国家市场监管总局核准的特种设备检验机构进行 1 次定期检验，其间由电梯维保单位在规定期限内进行自行检测，实施"1 年定期检验+1 年自行检测"的检验模式。具体实施是由符合试点条件的电梯维保单位向市市场监管局提出纳入试点书面申请，并向电梯所在地区市场监管局、分局特种设备安全监督管理部门书面告知拟纳入试点的电梯。试点单位在电梯检验合格有效期届满前 1 个月内完成自行检测工作。自行检测合格后，电梯使用单位持指定材料到原定期检验机构申请换领"特种设备使用标志"。定期检验机构在受理换领"特种设备使用标志"申请后，经审查符合要求的，在《北京市电梯检验改革试点自行检测申请单》上加盖"检验专用章"，并于两个工作日内发放"特种设备使用标志"。

3. 强化对"1+1"电梯检验方式的保障措施

针对后续监督和安全保障，在前两步基础上，对实施"1+1"检验方式试点的电梯其检测项目要求高于定期检验（图 9-3）。维保单位在次年进行 1 次自行检测时，自检项目除了涵盖 92 项定期检验项目外，还根据企业实际情况增加了部分企业标准的自行检测项目。原定期检验机构组织开展相应试点电梯的自行检测质量抽查工作，发现问题及时向市、区市场监管局通报。对试点单位发生申请主体或设备不能持续满足试点条件要求、发生较大社会影响的事件、在试点项目中出现情节严重的违法行为以及抽查工作中发现自行检测达不到要求的，由市市场监督管理局终止试点。试点单位在自行检测后的下一次申请定期检验时提交电梯责任险保单。

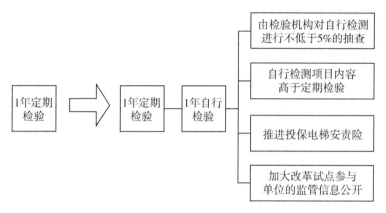

图 9-3　电梯检验"1+1+N"创新监管模式

9.3　北京市特种设备改革所取得的成效

9.3.1　质量安全稳步提升

北京市特种设备行政许可和电梯自检改革，更进一步明确了企业主体责任，强化了特种设备相关企业的自我约束。通过调整特种设备生产单位许可有效期，在加强证后监督、严格退出机制、引入第三方检测机构、发挥市场作用、完善信用体系建设等一系列举措的推动下，较好地激发了企业自身管理的能动性和自觉性，引导企业良性发展，特种设备质量安全稳步提升。统计数据显示，从总体来看，改革之后监察机构受理的特种设备投诉举报数量明显下降(图9-4)。从2016年的6165件下降到2018年的3007件，3年内平均下降了30.11%；特别是相比于改革前的2017年，2018年受理的特种设备投诉举报数量下降了27.5%[①]。

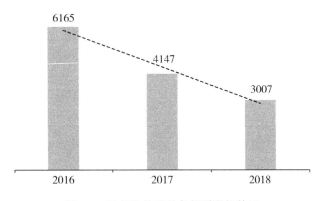

图9-4 受理的特种设备投诉举报数量

此外，从最能反映特种设备安全问题的监察指标来看，实施改革后北京局在对特种设备的监督检验中，发现并督促企业处理质量安全问题数量均显著下降(图9-5)。其中，发现并督促企业处理质量安全问题数量由2017年的12678个下降到2018

---

① 数据来源：课题组根据北京市市场监督管理局(原北京市质量技术监督局)公布的本市历年特种设备安全状况整理计算所得。

年的 9296 个，下降了约 26.7%[①]。

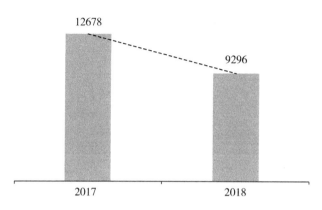

12678

9296

2017   2018

图 9-5 督促企业处理特种设备质量安全问题数量

  另一个更为关键的反映特种设备安全状况的指标是特种设备万台设备死亡率(万台设备死亡人数)。根据统计数据，2017年北京市特种设备万台设备死亡率为 0.088，到 2018 年这一数据下降到了 0.028，下降幅度约 68.2%[②]。这表明特种设备监管改革后质量安全得到了明显提升(图 9-6)。

  具体到电梯而言，通过电梯自检模式引入第三方检测机构之后，优胜劣汰的市场竞争机制对电梯相关责任主体发挥了激励与约束作用，使其责任意识和安全意识不断增强，电梯质量安全状况进一步提升(图 9-7)。从检验不合格率来看，2018 年改革后电梯定期检验一次检验不合格率明显下降，从 2017 年的

---

  ①② 数据来源：课题组根据北京市市场监督管理局(原北京市质量技术监督局)公布的本市历年特种设备安全状况整理计算所得。

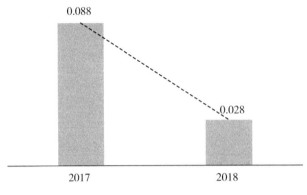

0.088

0.028

2017　　　　　　　　　　2018

图 9-6　特种设备万台设备死亡率

2.71%下降到了 2019 年的 2.57%，3 年平均下降了约 1.72%，表明许可资质单位的自我安全监管显著增强①。

　　从局部试点地区来看也呈现这一特征（图 9-8）。以海淀区为例，根据调研统计数据，2017 年海淀区共有电梯 36959 台，2017 年的投诉量为 400 起，投诉率约为 1.08%。实施电梯自检改革后，2018 年的电梯投诉量为 320 起，投诉率约为 0.87%。到 2019 年投诉量为 270 起，投诉率约为 0.73%。连续三年，投诉率显著下降，表明电梯安全情况明显改善②。

---

　　①　电梯一次检验不合格数据由北京市特种设备安全监察处提供。
　　②　海淀区电梯数据由课题组对相关部门和单位的调研数据计算所得。

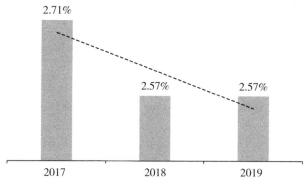

图 9-7 电梯一次检验不合格率

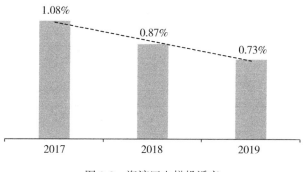

图 9-8 海淀区电梯投诉率

9.3.2 监管流程有效简化

经过以上一系列的改革措施,特种设备的监管流程得到了有效简化(图 9-9)。首先,从许可的申请上,由于申请审批权限的下放,有效地发挥了属地职能,缩减了许可申请的行政程序。

改革前流程：

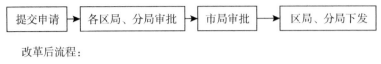

改革后流程：

图 9-9 许可权限下放前后许可申请流程对比

其次，调整许可有效期，由 4 年变为 8 年，许可的有效期延长一倍，也相当于在一个有效周期内省去了原来一次许可流程(表 9-3)。

表 9-3　　　　　　　　电梯检验改革试点范围

时间	调整许可有效期
改革前	每 4 年进行一次申请、评审、换证
改革后	每 8 年进行一次申请、评审、换证

再次，通过推进特种设备行政许可事项网上审批，将原有的窗口审批和部门审核转化为在线处理流程，直接简化了许可审批流程，提高了审批服务的便捷性和及时性(表 9-4)。

表 9-4　　　　　　　　电梯检验改革试点范围

时间	调整许可有效期
改革前	按照窗口审批流程，由各区局、分局逐级办理
改革后	直接线上统一办理

最后，实施电梯检验模式改革，将试点电梯的定期检验周期延长为2年一次，期间由试点单位进行自检，也是直接从监管流程上对电梯检验工作进行了简化。

改革前电梯定期检验流程：

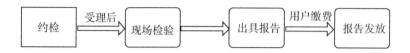

改革后电梯自检+定检流程：

9.3.3 监管效率显著提高

在行政许可方面，实行特种设备使用登记等许可事项网上审批，较之传统的审批程序，网上审批省去了繁琐的签字盖章过程，为申请者及时获得批准提供了便利，节约了时间成本(表9-5)。根据调研发现，在实行网上批以前，最长的获批时间有时需要等待1周以上，而网上审批后一般2~3个工作日就能获得审批意见，时效性提高了一倍以上，因而，推行特种设备使用登记等许可事项网上审批不仅优化了政务服务，还提高了特种设备的监管效率。

表 9-5　　　　　　　　网上审批前后的时效性对比

使用登记办理时间	网上审批前	网上审批后
	最长 1 周	2~3 个工作日

在推进网上审批的同时，对特种设备许可有效期的延长，也省去了一个周期的许可申请、审核等工作量，对于特种设备监管的整体工作起到了轻量化作用，逐步改变了重审批轻监管的行政管理方式，为更加合理地配置监管资源提供了有利条件（表 9-6）。监管部门可以把更多的行政监管资源从事前审批转到加强事中事后的监管环节，有助于提升监管效率。

在电梯检验方面，通过释放部分电梯自检，各级监管部门的职责分工得到了优化和调整，更好地发挥了各区局、分局窗口服务人员、特种设备监察人员、稽查执法人员、协管人员和三级网络监管力量的协同作用，形成了治理合力，构建了较为完善的管理体系。在新的监管模式下，无论是行政许可的审批流程还是电梯检验的工作流程都得到了有效简化，因而监管效率显著提高。

特别是就电梯而言，实施电梯自检后，既省去了现场检验的工作，又能很快地为自检合格的电梯下发检验合格标志。在改革前，相关电梯单位事先提交约检申请单，检验机构即时受理后赴单位进行现场检验，约需要 1 天时间，最后出具合格报告需要 10 个工作日。改革之后，按照新的检验模式，相关电梯单位提交申请单和自检报告约检，检验机构即时受理后对提交资料进行审核，大约需要 1 天时间，然后在两个工作日内就能对合格电梯出具使用合格标志。相比之下，实施电梯检验改革后，检验时间至少缩短了 8 天，检验效率明显提高。

表 9-6　　　　　　电梯检验改革前后的时效性对比

改革前	改革后
约检时提交申请单 即时受理	约检时提交申请单自检报告 即时受理
现场检验：≥1 天	资料审核：1 天
出具报告时间：10 个工作日	出具使用合格标志时间：2 个工作日
总体时间：≥11 天	总体时间：3 天

9.3.4　监管成本明显降低

企业在接受特种设备监管时产生的成本主要为办理行政许可的成本和机构对设备进行检测的检验费用成本(表 9-7)。其中，行政许可成本主要包括专家评审费用，由国家财政支付，以及许可申请中所花费的时间成本，由企业承担。根据对检验机构和维保单位调研得知，1 家许可需要 3 位专家进行 2 天时间的评审工作，由此产生的评审成本为 0.7 万元~1.0 万元。目前，北京市共有特种设备生产单位 779 家，每进行一次评审所需要的总成本为 545.3 万元~779 万元①。将许可有效期延长，

---

①　数据来源：基础成本数据由课题组对相关部门和单位调研所得，设备相关的统计数据由北京市特种设备安全监察处提供。

相当于省去了一个原有评审周期，因而这一举措直接为国家财政节省了数百万的成本。

表9-7　　　　　延长许可有效期所节省的评审成本

生产单位数量（家）	花费的人力、时间（人、天）	每家单位的评审成本（万元）	成本总计（万元）
779	3人2天	0.7~1.0	545.3~779

检验成本则主要包括迎检成本和直接的检验费用（表9-8）。此次改革中调整电梯定检周期，对试点电梯实行"1年定检+1年自检"，这样一来，极大地降低了电梯相关企业的检测成本。以改革前电梯检验费用计算，平均每部电梯检测费用降低480元，北京市实施自检电梯数量3万台，因此采取自检后，每年至少直接节省成本1440万元[①]。

表9-8　　　电梯自检改革为企业直接节省的检测成本

自检电梯数量（万台）	电梯检测费用（元/台）	成本总计（万元）
3	480	1440

同时，每次定期检验企业都需要一定的人力、物力投入（表9-9）。根据调研测算，平均1台电梯的定期检验大概耗时两小

①　数据来源：基础成本数据由课题组对相关部门和单位调研所得，设备相关的统计数据由北京市特种设备安全监察处提供。

时，每次至少需要两名维保人员陪同，按照正常 1 天 8 小时的工作时长，则 3 万台电梯检验需要的总工作量为 7500 天，由此产生了较大的迎检成本。若按照北京市 2018 年平均工资标准计算，则这 3 万台电梯检测造成的迎检成本约为 522.36 万元①。以上数据说明，此次电梯定期检验改革措施使得监管更加科学精准，直接降低了企业的经营成本。

表 9-9　　　　电梯自检改革为企业节省的迎检成本

迎检人数 （人）	总工作量 （天）	人均日工资成本 （元）	降低成本总计 （万元）
2	7500	348.24	522.36

由此可见，北京市特种设备改革为企业的生产经营带来了极大的降本红利。通过以上测算，此次改革至少为企业节省 1962.36 万元，为国家财政节省 779 万元，总体上监管成本降低了 2741.36 万元。

9.3.5　监管体制得到优化

本次改革是以行政许可和电梯检验为具体抓手进行的一次监管体制创新的尝试。通过将许可有效期由 4 年延长至 8 年，淡化事前准入，优化了监管环节，将更多的监管力量聚焦在关

---

① 人均日工资成本由 2018 年北京市法人单位从业人员平均年工资计算得出(一年按 365 天计算)，数据来源：北京市人力资源与社会保障局官方网站，http://rsj.beijing.gov.cn/。

键风险点上，提高了监管资源的配置效率。按照风险评估情况，分类实施电梯自检是引入市场机制的积极探索，既保证了基础安全，又有利于激发市场活力、创新监管机制。实施部分电梯自检，是对企业主体责任的进一步明确，是落实企业责任、强化企业自我约束的有效手段。通过改革后的创新检验模式，企业自检的责任更加明确，将政府的监管责任与传统模式的监检混合责任进行了一定程度的分离。

改革整体上实现了对有限的监管资源的再配置，并且通过引入市场检验机构、加强事中事后监管等手段，在一定程度上更加明确了政府和企业的责任边界。同时，随着改革的推进，企业的主体责任感不断增强，企业对于特种设备安全监管的参与度逐步提高。这种资源配置优化和主体责任更加落实的改革效应反映了监管体制的优化和监管机制的完善。

9.4 北京市特种设备改革有待突破的瓶颈与问题

9.4.1 特种设备行政许可改革无法普遍覆盖

由于许可法定权限的限制，此次特种设备行政许可改革试点工作只将原北京市质监部门许可的和向北京市市场监管局新申请许可的特种设备生产单位纳入试点，而总局和北京市外许可的特种设备生产单位并不在此次改革试点的调整范围。据统计，截至2018年底，全国特种设备生产单位有76925家，而北京市特种设备生产单位仅为 939 家，约占全国特种设备生产单位总数的 1.2%①。相对而言，特种设备行政许可改革带来的红利非常有限。改革造成市场上特种设备生产许可期限的不一致，在一定程度上增加了特种设备行政许可管理工作的复杂程度，同时也容易对特种设备的市场竞争秩序造成不利影响。

9.4.2 特种设备行政许可改革仍有较大优化空间

近年来，关于将特种设备使用登记作为行政许可手段受到了一部分人的质疑②，部分地区，如浙江、上海等地对于特种设备使用登记制度的认识也开始发生变化，并进行了一定方式的改革和优化。鉴于本次改革已经全面推行了网上审批特种设备使用登记等许可事项，实现了电子证照化，表明特种设备的核心信息，诸如设备检验报告、资质证书等已纳入检验系统中，只需打通部门间涉及使用登记审批的相关信息渠道即可直接进行获取和确认。如仍将特种设备使用登记作为一项行政许可进行再度审批，实质上是对前述工作的重复，既降低了行政监管的效率，也给企业带来了不必要的制度性成本。因而，北京市特种设备行政许可改革可进一步精简优化。

---

① 数据来源：全国数据来自市场监管总局关于 2018 年全国特种设备安全状况的通告(2019 年第 10 号)，北京市相关数据由市局特种设备安全监察处统计提供。

② 详见国家市场监督管理总局网站公众留言板块中："使用登记"行政职权分类的界定 http：//gzhd. samr. gov. cn：8500/robot/publicComments. html。

9.4.3　电梯检验的市场主体责任尚未全部落实

按照北京市电梯检验改革试点工作方案的要求，参与试点改革的电梯维保单位要求在京电梯维保量为 5000 台以上，试点电梯的范围是投入使用 10 年以内的电梯(公众聚集场所使用的电梯除外)和杂物电梯。符合试点条件的维保单位只有通力电梯有限公司北京分公司等六家电梯维保单位，而这六家单位全部是电梯生产企业，并没有专职的维保单位和市场化的专业检验检测机构。据统计，2017 年，符合试点条件的六家维保单位维保的投入使用 10 年以内的电梯约有 47051 台，而当年北京市拥有的电梯总数是 230125 台，其中投入使用年限不满 10 年的电梯为 129447 台，试点范围的电梯分别约占上述电梯总数的 1/5 和 1/3①。从对电梯监管的历年数据来看，电梯的事故率属于特种设备中较低的一类，但是受试点条件的限制，部分安全性较高的电梯也未被纳入改革的试点范围。在改革试点过程中，维保单位承担了主要的改革任务，而其他如使用单位、所有权单位以及用户等相关市场主体参与度较低，其责任仍未明确。

9.4.4　现行法规政策的约束不利于深化改革

此次改革是以申请特许的方式进行试点的，因此在大范围

---

① 数据来源：课题组根据北京市市场监督管理局(原北京市质量技术监督局)公布的本市历年特种设备安全状况整理及市局特种设备安全监察处提供。

的深化推广上还面临着现行法规的约束。现行的《特种设备生产和充装单位许可规则》(TSG 07—2019)、《电梯监督检验和定期检验规则——曳引与强制驱动电梯》(TSG T7001—2009)等安全技术规范对特种设备行政许可和电梯检验都有具体的规定，明确特种设备许可证书的有效期为 4 年，电梯的定期检验周期为 1 年。而特种设备改革试点工作所依据的《质检总局关于同意在北京市开展特种设备行政许可和电梯检验改革试点工作的批复》(国质检特函〔2018〕68 号)和《北京市特种设备行政许可和电梯检验改革试点工作方案》(京质监发〔2018〕28 号)等临时性的规范性文件，有效期只有两年。如果改革试点工作没有后续实施措施，就不能继续按照改革试点时的要求开展工作，改革进程也会因无法可依而停滞不前。对电梯自检事后监督等特种设备改革中出现的新环节，在法律上也存在空白地带。

9.5 可借鉴性分析

北京市特种设备改革对于我国承压类特种设备监管优化具有可借鉴性。

9.5.1 二者所处的背景相同

北京市特种设备改革的主要背景是面对特种设备快速发展的市场形势，传统的监管方式无法满足特种设备质量安全的需要。针对国务院提出的"放管服"改革要求，我国在行政监管上需要进一步优化监管模式，创新监管方法，尤其是在特种设备方面，传统的监管方式已经不能适应日益突出的"人机矛盾"。随着特种设备数量的快速增长，现行的监管方式存在监管过度和监管迟滞等问题。承压类特种设备作为特种设备中更为特殊的一种，已经呈现出高参数化、高风险的发展趋势，这对于安全监管提出了更高的要求。对于承压类特种设备而言，监管部门历来是严格管控，无论是从事前的准入制度上，还是从事中、事后的监督检验和定期检验上，都投入了大量的资源，但是在监管效能上仍然有较大的提升空间。

随着"放管服"改革的深化推进，我国质检部门实行了机构整合，将原有的监管资源进一步精简集中，监管效果得到了一定程度的改善，但是政府监管部门仍然没能改变政府承担过度责任的局面，导致企业的主体责任没有得到有效落实。由于企业脱离了主体责任的约束，致使其时常抱有侥幸心理，这导致监管部门的压力过大。但是就政府资源而言，公共监管资源是极其有限的，面对无限变化的特种设备市场发展形势，以及不断出现的监管难题和公共治理新挑战，国家提出推进我国治理能力和治理体系现代化的战略要求。在承压类特种设备监管方面，我们也需要紧跟形势构建我国承压类特种设备的现代化监管体系和检验模式，实现对承压类特种设备质量安全的有效治理。所以，北京市特种设备改革与我国承压类特种设备市场准入和检验模式的优化改革具有共同的现实背景。

9.5.2 二者所涉及的内容相通

北京市特种设备改革是分两个方面开展的：一个是围绕特

种设备行政审批许可进行，将许可的有效期延长，调整并全面推行审批事项的网上办理；另一个是对电梯的检验模式进行创新，在原来的定期检验基础上将检验周期延长为两年，其中一年实施企业自检。这两项举措正好是围绕着特种设备的市场准入和检验模式展开的。

对于市场准入而言，特种设备的行政许可是对设备安全监管的有力手段。随着我国经济社会的发展，市场机制对资源的配置作用日益受到重视并成为"发挥市场对于资源配置的决定性作用"的共识，中央要求在各个领域实施放开市场准入，完善市场的自由进入和退出机制，深化"放管服"改革，进一步精简市场准入行政审批事项，不得额外对民营企业设置准入条件。北京市此次改革事实上就是放宽了对特种设备市场准入的限制，通过延长许可有效期，在对市场准入调整的同时实现了程序简化和监管资源的再配置。

在电梯检验方面，此次改革一定程度上实现了对既有检验模式的创新。在原来的检验模式下，电梯的定期检验均是由系统内的检验机构进行，市场上的检验机构无法参与其中。如前所述，这种政府全揽的模式不但不能解决监管中不断出现的难题与瓶颈，还会造成特种设备主体缺乏内在的激励约束，无法落实市场的主体责任。本次改革创新性地将定期检验的周期延长为两年，在第一年内维保企业可以实现对所属的电梯自身检测。这样一来，企业作为市场主体的角色开始凸显，正式参与到特种设备安全监管的活动中来，有效地改变了原有的政府系统检验机构承担过度责任的局面。通过引入市场化机构，利用市场机制的作用实现对市场责任主体的约束与激励。

由此可见，北京市特种设备改革从内容和方向上正好高度契合了本研究中关于承压类特种设备的市场准入和检验模式优化的主题。承压类特种设备作为特种设备中的一个重要类别，也需要借鉴相关思路和经验围绕市场准入和监管模式进行方式和内容上的优化创新。

9.5.3　二者在意义上辩证统一

北京市特种设备改革与本研究中优化承压类特种设备市场准入与监管模式在根本目标上是一致的，这个不难理解。首先，无论是北京市此次改革所涉及的设备还是本研究的研究对象，它们都是特种设备的范畴。在相同的背景下，它们的本质区别在于，一个是改革实践，一个是理论研究。其次，本书作为理论研究，目的就是要通过指导我国承压类特种设备的安全监管不断优化提高来达到更好的监管效果，而北京市特种设备改革正好为本书的理论分析提供了实践支撑和研究启示。它们的差异在于具体所涉及的主体不一样，前者是行政许可的办理程序和电梯检验，后者则是承压类特种设备这个主体。本研究与北京市的特种设备改革从本质上是关于特种设备监管优化完善的理论与实践的关系，二者之间相互联系又有所区别，既有一致的目标追求，又有共同的现实背景。因此，深入分析北京市特种设备改革实践对于本书所研究的主题——承压类特种设备市场准入与检验模式的优化具有深刻的指导意义。

9.6 主要启示

北京市特种设备改革对承压类特种设备市场准入与检验模式的主要启示有以下 4 个方面。

9.6.1 放宽市场准入将监管重心转移到事中事后环节

北京市特种设备改革对承压类特种设备的市场准入和检验模式具有很好的借鉴意义，其改革经验可以在承压类特种设备领域进一步深化推广。在我国全面推进"放管服"改革的大背景下，对高参数化高风险的承压类特种设备的监管也应学习北京市此次改革的思路，对以往的监管模式上进行改进优化。特别是在承压类特种设备的市场准入方面，应努力将北京市行政许可的改革经验推广到全国承压类特种设备上来，从调整行政许可有效期入手放宽市场准入限制，将监管的主要力量和有限资源更好地配置到安全风险更高、使用年限更长、现实情形更复杂的承压类特种设备上。这样一来，一方面可以推进落实"放管服"改革放宽市场准入的要求，简化行政审批流程，降低承压类特种设备企业的制度性成本，改善营商环境；另一方面可以实现监管资源的再配置，将监管的重心由事前准入转移到事中事后环节。这样既可以一定程度上减轻监管部门的压力，又能够激发市场进入和退出的活力，实现了对现有承压类特种设备市场准入制度的优化。

9.6.2 分类分级风险防控精准监管

北京市对于电梯检验改革的设计思路就是基于对风险的科学防控。通过对电梯的安全状况进行统计分析，对不同类型的电梯按照风险进行分级管控，然后把安全风险较低的检验工作放开给市场检验机构，这样既可以实现对高风险设备的精准监管，又能够发挥市场机制的作用，自然也就实现了监管效果的提升。因此，各地针对承压类特种设备的监管完全可以参考北京市对电梯分类分级监管的思路，按照承压类特种设备的不同情况展开安全风险评估，对高风险设备和低风险设备进行分类，分开监管。同样可以采取常规的系统内机构检验和一部分采用市场化机构检验的联合检验模式展开。这样的联合检验模式在监管上相比传统的检验模式更加精准，资源配置也更加高效。

9.6.3 引入市场化检验机构提高内在激励与约束

如前所述，在确立了分类分级的风险防控监管思维之后，北京市市场监督管理局落实到特种设备改革中的具体举措就是对电梯检验模式的创新，将原定完全由政府系统内检验机构负责的电梯检验工作一部分放开给市场化检验机构。该项改革举措最大的作用在于，在传统的监管模式中引入了市场机制，通过市场化检验机构之间的竞争实现了对检验机构的激励约束。同时，对于设备主体而言，在赋予了他们更高自主权的同时也强化了自身的主体责任意识。承压类特种设备的检验与电梯检验在原来的检验模式上是共通的，因此，在承压类特种设备检验中可以借鉴北京市对于电梯检验的经验和创新做法，合理引入市场化机构实施检验，利用市场机制的倒逼作用，促使承压类特种设备企业对其产品实现自我把控。通过这一举措同样可以提高承压类特种设备相关责任主体的责任意识，并且由市场的竞争机制对特种设备的生产者和市场化检验机构形成激励约束，整体上降低承压类特种设备的系统性风险，提高监管的效能。

9.6.4 科学对待现有承压类特种设备的政策法规对改革的约束

最值得关注的一点是，北京市此次特种设备改革是在现行法规约束之下采用特许的方式进行的试点改革。我国现行有关的特种设备的法规，明确规定了特种设备的行政许可法定有效期以及电梯定期检验的法定周期，但是北京市局经过对特种设备的实际情况展开实地调研，对于监管模式进行理论分析，对于安全风险进行数据统计后发现，现行法规中相关的要求过于严格，可以进一步放开和调整有关内容，于是提出了这种申请特许的办法进行试点改革。事实证明，该项改革试验取得了较好的效果，也说明对于现有的承压类特种设备的政策法规，我们也需要采取科学的态度，根据社会经济的发展形势，现实情形的不断变化，进行充分的调研分析和理论论证，以合理的方式完成对政策法规的健全和优化，推动承压类特种设备监管的与时俱进。

参考文献

[1] European Standard EN 81-80: Safety rules for the construction and installation of lifts—Existing lifts—Part 80: Rules for the improvement of safety of existing passenger and goods passenger lifts.

[2] Royal Society Study Group. Risk: analysis, perception and management. London: Royal Society, 1992.

[3] Technical Standards and Safety Act, 2000, Queen's Printer for Ontario (2001).

[4] 白仲林, 杜阳, 王雅兰. 准入制度改革、同业竞争与银行业市场进入决策机制升级[J]. 统计研究, 2018, 35(05): 62-74.

[5] 蔡暖姝, 黄正林, 秦叔经, 等. 欧盟压力管道标准 EN13480 与我国对应规范的比较[J]. 化工设备与管道, 2007, 44(2): 5-11, 65.

[6] 蔡寻, 孙欣禹. 我国特种设备检测技术的现状与展望[J]. 居舍, 2019(26): 175.

[7] 柴瑞娟, 周舰. 互联网银行法律规制研究——以市场准入和

监管体制为核心[J]. 金融发展研究, 2016(05): 54-60.

[8]陈登丰. 日本锅炉压力容器法规和技术标准体系评述[J]. 中国特种设备安全, 2007, 23(11): 57-61.

[9]陈钢, 等主编. 国内外特种设备标准法规综论[M]. 北京: 中国标准出版社, 2007.

[10]陈珉惺, 宋捷, 吴凌放, 等. 上海社会办医准入中存在的问题和对策建议[J]. 卫生软科学, 2019, 33(10): 7-10.

[11]程永生. 城市公用事业社会资本市场准入规制创新探析[J]. 上海经济研究, 2016(01): 102-107.

[12]迟祥, 彭斌. 国内外固定式压力容器建造标准比较[J]. 化工设计, 2016, 26(01): 26-28.

[13]褚淑贞, 王恩楠, 陈怡. 我国创新药物市场准入政策量化研究——基于利益相关者理论分析[J]. 价格理论与实践, 2017(04): 151-154.

[14]褚淑贞, 王恩楠, 余紫君. 创新药物市场准入政策环境研究——基于利益相关者视角[J]. 中国卫生政策研究, 2017, 10(08): 29-33.

[15]戴德宝, 薛铭. 信息不对称下民营银行市场准入监管的博弈研究[J]. 财会月刊, 2017(15): 114-118.

[16]戴霞. 市场准入的法学分析[J]. 广东社会科学, 2006(03): 196-200.

[17]邓建德, 江洪元, 陈卫红, 等. 日本锅炉压力容器法规标准体系和安全管理体制: 第四届全国压力容器学术会议[C], 无锡: [出版者不详], 1997.

[18]丁军锋，谢维，张立娟．中、美压力容器标准体系思想比较分析[J]．中国石油和化工标准与质量，2013，33（11）：234.

[19]丁守宝，刘富君．我国特种设备检测技术的现状与展望[J]．中国计量学院学报，2008，19（4）．

[20]窦一杰．消费者偏好、市场准入与产品安全水平：基于双寡头两阶段博弈模型分析[J]．运筹与管理，2015，24（01）：149-156.

[21]封延会，贾晓燕．论我国市场准入制度的构建[J]．山东社会科学，2006（12）：50-52.

[22]高疆，盛斌．国际贸易规则演进的经济学：从市场准入到规制融合[J]．国际经贸探索，2019，35（05）：4-21.

[23]国家质检总局特种设备安全监察局组编．美国特种设备安全管理[M]．梁广炽，李家骥，胡军编译．北京：中国计量出版社，2005.

[24]国家质检总局特种设备安全监察局组编，孙黎，汤晓英编译．欧盟特种设备安全管理[M]．北京：中国计量出版社，2005.

[25]国家质量监督检验检疫总局编．特种设备安全国际论坛文集[M]．北京：中国标准出版社，2006.

[26]顾大松，周苏湘．动态监管视阈下共享经济地方市场准入制度之构建[J]．行政与法，2019（10）：59-67.

[27]顾振宇．承压类特种设备安全基于风险的分类监管[J]．化学工程与装备，2019，264（01）：282-285.

[28]管金平.中国市场准入法律制度的演进趋势与改革走向——基于自贸区负面清单制度的研究[J].法商研究，2017，34(06)：50-59.

[29]郭冠男.如何认识并全面实施市场准入负面清单制度[J].中国行政管理，2019(01)：6-9.

[30]郭丽岩.健全市场准入负面清单制度体系是完善社会主义市场经济体制的重要举措[J].中国经贸导刊，2019(23)：6-8.

[31]郝素利.特种设备安全监管新模式：多中心治理[J].中国科技论坛，2018，No.267(07)：15-23.

[32]郝素利.特种设备安全监管模式优化：回应性监管[J].工业安全与环保，2019(6).

[33]郝素利，石文杰，李超锋，等.基于ISM的特种设备安全监管体系构建[J].工业安全与环保，2014，40(4)：34-39.

[34]何博伦.第三方物流企业市场准入制度研究[J].商场现代化，2018(19)：44-45.

[35]贺松兰，曾云翔.互联网金融市场准入监管的法律问题探析[J].企业经济，2017，36(03)：180-186.

[36]贾志洋，黄银霞，赵天时.国内外铁路产品准入管理制度研究[J].中国铁路，2019(05)：33-40.

[37]蒋慧.关于美国药品市场准入制度的考察与借鉴[J].广西社会科学，2013(02)：89-93.

[38]蒋慧.论我国新药生产市场准入制度的完善[J].学术论坛，2013，36(02)：151-154.

[39]靳丽亚, 林建清, 荆永楠, 等. 我国食品质量安全市场准入制度的评价[J]. 食品工业, 2015, 36(10): 244-247.

[40]阚珂, 蒲长城, 刘平均主编. 中华人民共和国特种设备安全法释义[M]. 北京: 中国法制出版社, 2013.

[41]蓝麒, 刘三江. 典型国家特种设备安全监管模式及对我国的启示[J]. 中国特种设备安全, 2016(1): 59-64, 78.

[42]李酣, 曲敬格, 黄圆圆. 市场准入规制影响宏微观经济高质量发展的研究综述[J]. 社会科学动态, 2019(11): 50-56.

[43]李诗侃. 政府审批制度改革与民营企业市场准入研究[J]. 中国管理信息化, 2019, 22(06): 202-203.

[44]李停. 市场准入、R&D 激励与高新技术行业社会福利最大化[J]. 区域经济评论, 2019(05): 125-132.

[45]李志纯. 农产品质量安全市场准入研究[J]. 农产品质量与安全, 2016(6): 8-10.

[46]梁博程. 完善我国金融控股公司市场准入法律制度的思考[J]. 法制与社会, 2015(35): 93-94.

[47]梁春茂. 中国财产保险公司市场准入监管效应分析——基于 2002—2013 年数据[J]. 学术探索, 2016(01): 71-77.

[48]梁广炽. 美国特种设备安全管理综述[J]. 林业劳动安全, 2005, 18(1): 18-27.

[49]梁兆志. 美国 ASME 规范与中国压力容器标准的比较探讨[J]. 化工设计通讯, 2017, 43(8): 93.

[50]林建忠. 日本最新压力容器法规、标准整合情况简介[J].

压力容器, 2004(04)：1-3.

[51]林伟明. 国内外压力容器法规标准体系概要比较[J]. 中国
特种设备安全, 2006, 22(01)：51-55.

[52]林伟明. 国外压力容器法规标准体系概要[J]. 中国质量技
术监督, 2005(07)：52-53.

[53]刘大洪, 段宏磊. 混合所有制、公私合作制及市场准入法
的改革论纲[J]. 上海财经大学学报, 2017, 19(05)：91-
102.

[54]刘丹, 侯茜. 中国市场准入制度的现状及完善[J]. 商业研
究, 2005(12)：10-15.

[55]刘东涛. 法治视野下民营经济市场准入研究[J]. 人民论
坛, 2016(05)：91-93.

[56]刘汉成. 欧盟水果消费特征、市场准入及我国的对策[J].
中国果业信息, 2008(08)：1-4.

[57]刘晓燕. 特种设备检验检测机构质量管理中的难点分
析[J]. 工业：00346-00347.

[58]卢炯星. 市场准入监管法的问题与对策[J]. 福建法学,
2014(02)：88-92.

[59]卢美容. 海峡两岸电子商务市场准入与退出问题比较研
究[J]. 中国市场, 2017(33)：144-146.

[60]陆岷峰, 李蔚. 我国市场准入负面清单制度研究[J]. 天津
商务职业学院学报, 2018, 6(04)：18-24.

[61]罗晨煜. 农村金融市场准入机制的经济法理论基础[J]. 现
代经济信息, 2014(22)：393-395.

[62]律星光.“非禁即入”市场准入负面清单制度全面实施[J].
财经界, 2019(01)：13-14.

[63]倪鹏途, 陆铭. 市场准入与“大众创业”：基于微观数据的
经验研究[J]. 世界经济, 2016, 39(04)：3-21.

[64]牛丹青. 大数据时代特种设备安全管理创新研究[J]. 中国
设备工程, 2019(12)：21-22.

[65]潘林锋, 何祖清. 浅谈我国承压设备标准体系中存在的一
些问题[J]. 石油和化工设备, 2019, 22(04)：58-61.

[66]彭水洪. 通过市场准入监管保证市场上农产品合格率的实
践难点及对策建议[J]. 农业部管理干部学院学报, 2015
(03)：55-58.

[67]邱恒俊编著. 承压类特种设备安全监察手册[M]. 北京：
中国质检出版社, 中国标准出版社, 2014.

[68]曲理萍. 论市场准入制度变化对商贸流通业的影响[J]. 商
业经济研究, 2019(17)：37-39.

[69]邵玉波, 李非. 美国食品药品监督管理局关键路径计划及
其对我国医疗器械市场准入制度的启示[J]. 中国医学装
备, 2015, 12(11)：117-120.

[70]盛世豪. 试论我国市场准入制度的现状与改革取向[J]. 中
共浙江省委党校学报, 2001(3)：35-40.

[71]石岿然, 陆冰, 汪克峰. 双边市场视角下家政服务 O2O 平
台准入机制研究[J]. 上海管理科学, 2018, 40(06)：44-
48.

[72]寿比南. 我国承压设备标准化技术进展和展望. 压力容器

先进技术——第八届全国压力容器学术会议［C］. 2013：22.

［73］寿比南. 中、美压力容器标准的对比分析［J］. 中国锅炉压力容器安全，1999，15（01）：27-30.

［74］宋继红. 特种设备安全监察法规标准体系［J］. 压力容器，2006，23（12）：1-7.

［75］宋扬. 构建智能家居时代的全球市场准入体系——访UL家电、空调、制冷设备与灯具部亚太区副总裁李以斌［J］. 电器，2018（07）：50-51.

［76］孙伯龙. 我国校外培训机构的市场准入管制转型：理论与路径［J］. 教育学报，2018，14（04）：56-65.

［77］孙会海，刘妍. 我国市场准入制度的实践与立法完善［J］. 山东省农业管理干部学院学报，2012，29（04）：48-50.

［78］王丹. 浅析全面深化改革背景下的市场主体准入制度完善［J］. 中国工商管理研究，2015（02）：36-45.

［79］王飞. 企业市场准入制度的法律分析［J］. 劳动保障世界，2016（18）：56-57.

［80］王富世，蔡圣. 上海自贸区离岸金融市场准入监管研究［J］. 法制与经济，2018（05）：114-116.

［81］王珏，严妍. 我国农村金融市场准入机制的经济法理论基础研究［J］. 农业经济，2016（11）：108-109.

［82］王首杰. 激励性规制：市场准入的策略？——对"专车"规制的一种理论回应［J］. 法学评论，2017，35（03）：82-95.

［83］王维全. 互联网金融市场准入的经验与启示［J］. 华北金

融，2019(02)：42-48.

[84]王晓庆．当前我国市场准入制度分析[J]．现代商贸工业，2016，37(02)：214.

[85]王艳丽．我国互联网金融经营者市场准入制度探析[J]．理论与改革，2016(02)：137-140.

[86]韦琦耀，陈利．浅析香港电气产品的市场准入、认证制度及市场监管[J]．日用电器，2013(12)：34-38.

[87]吴志宇，徐诗阳．经济法视域中的公共行业市场准入制度——以山东疫苗案为引例[J]．江西理工大学学报，2017，38(02)：93-98.

[88]向超，张新民．土地经营权市场准入规制的制度检视与路径优化[J]．商业研究，2019(11)：53-60.

[89]肖奎．我国境外发行人境内上市的市场准入监管研究[J]．上海金融，2019(02)：61-68.

[90]徐建宇．城市社区治理工具的选择行为、准入秩序和运作逻辑[J]．甘肃行政学院学报，2019(02)：74-88.

[91]许天娇．中英两国农产品贸易市场准入政策比较[J]．世界农业，2016(12)：129-132.

[92]于秀美，贾振宇．美国 ASME 规范与中国压力容器标准的比较[J]．石油化工设备，2008(04)：51-58.

[93]张晨．美国外籍建筑师市场准入管理模式概况及其启示[J]．工程建设与设计，2018(05)：14-16.

[94]张响光．中外特种设备管理中的安全监察及立法比较[J]．科技创业月刊，2009，22(4)：124-125.

[95] 张印贤，郭汉丁．市场准入条件下政府管理部门与废旧电器再生企业行为博弈分析[J]．西安电子科技大学学报(社会科学版)，2015，25(05)：58-63.

[96] 张子淇，杨筱敏，姜涵．我国信息通信市场准入管理变革探究[J]．信息通信技术与政策，2019(04)：38-41.

[97] 赵继瑞，金明哲，孙旭，等．美国移动式压力容器维修法规及标准简介[J]．化工机械，2019，46(05)：485-490.

[98] 赵晓光，刘兆彬，陈钢主编．新《特种设备安全检察条例》释义[M]．北京．中国法制出版社，2010.

[99] 赵旭东．电子商务市场准入及退出制度研究[J]．中国工商管理研究，2015(02)：13-16.

[100] 郑杨，尚红叶，杨秀松．发达国家食用农产品市场准入对我国的启示[J]．食品安全质量检测学报，2018，9(24)：6395-6399.

[101] 中国锅炉压力容器检验协会，劳动部锅炉压力容器检测研究中心主办．中国锅炉压力容器安全 China boiler and pressure vessel safety[M]．北京．劳动部锅炉压力容器安全杂志社，1991—2005.

[102] 中国特种设备检测研究中心、中国锅炉压力容器检验协会、中国锅炉水处理协会主办．中国特种设备安全 China Special Equipment Safety[M]．北京．中国特种设备安全杂志社，2005.

[103] 钟海见主编．浙江省特种设备检验典型案例汇编[M]．杭州：浙江科学技术出版社，2016.

［104］钟志勇．电子支付市场准入制度完善论［J］．上海金融，
　　　　2018（06）：81-86．

［105］朱益华．我国基层特种设备安全监察问题与对策的研究
　　　　［J］．科技创新与应用，2017（1）．

［106］庄淑淳．特种设备安全法规标准体系现状与发展［J］．中
　　　　国标准化，2018，No. 522（10）：250-251．

［107］邹皓，林涛，韩蒙，等．特种设备检验检测机构全面质量
　　　　管理体系的构建［J］．中国特种设备安全，2019，35（01）：
　　　　49-53．